水中的鱼也会口渴

〔韩〕崔闰奎 著
千太阳 译

中国出版集团
東方出版中心

图书在版编目（CIP）数据

水中的鱼也会口渴 / (韩) 崔闰奎著；千太阳译
.—上海：东方出版中心, 2018.10
ISBN 978-7-5473-1356-5

Ⅰ.①水… Ⅱ.①崔… ②千… Ⅲ.①人生哲学－通俗读物 Ⅳ.①B821-49

中国版本图书馆CIP数据核字(2018)第221422号

上海市版权局著作权登记：图字09-2018-792号

水中的鱼也会口渴

出版发行：东方出版中心
地　　址：上海市仙霞路345号
电　　话：（021）62417400
邮政编码：200336
经　　销：全国新华书店
印　　刷：山东鸿君杰文化发展有限公司
开　　本：890mm×1240mm 1/32
字　　数：80千字
印　　张：9.5
版　　次：2018年10月第1版第1次印刷
ISBN 978-7-5473-1356-5
定　　价：39.80元

谨以此书献给那些
在大大小小的人生波折中
需要积极向上的力量和
回望自己时间的人！
献给那些
不管什么年龄
依然怀抱星星之火
照亮自己生活的人，
献给我爱的
以及爱我的所有人。

序言

在过去的十年里，本人一直主持着成功TV（www.successtv.co.kr）研讨会，接触过众多的知识精英、艺人和知名人士等。
每当与他们会晤的时候，我都深有体会。
“这个社会真能卧虎藏龙，居然有这么多能人！”

有时邀请一些并不出名的人做讲师的时候，我也深有体会。
“这个圈子居然隐藏着这么多高手！”

我也因此而明白：
所有人都具有创造性，所有人都具有才能。

同时，有一件事情让我非常震惊：
大部分人竟然不知道自己拥有如此优秀的才能！

那些知道自己的才能和优点、
进行各种挑战和冒险的能人，
那些已发现隐藏在自己内心深处的宝石的人们，
当然只是少数中的少数。

把少数变成多数，
真的是白日梦吗？

我们一起去自己内心深处，发现崭新的自己吧！

目录

第二章 打破思考的壁垒，挑战吧

思考：想象一下自己期望的未来吧

苦难：只不过是人生的一部分而已

第三章 机会只青睐有准备的人，去说服世界吧

态度：方向错了，就失败了

声音：为邂逅这个世界而准备的武器

第四章 没有实践，就没有变化

变身：请回望一下，真正珍贵的东西到底是什么

执行：行动会治疗内心深处的恐惧

第五章 你是特别的存在

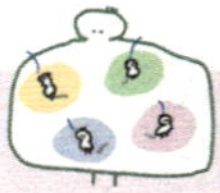

心灵：改变话语，就能改变思想，也能改变世界

创造：如果目标明确，梦想就会实现

第一章

1

人生，凝望那片神秘的森林

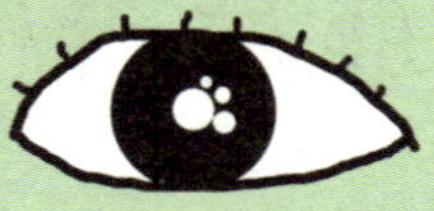

视线：视线的差异

感　动

在办公叫外卖订紫菜包饭的时候，会发现很不方便的一点。

如果店家在切紫菜包饭的时候，能够把最末端的一块，切成适合一口吃掉的大小就好了。

不管什么时候，不管订哪一家，最末端的一块都切得非常大。

我觉得他们并没有考虑顾客进餐时是不是方便，厨房阿姨只顾自己切起来方便。

如果能再用心一点儿，顾客应该会很受感动……

常识的框架

正值亚洲金融危机的时候，位于仁川的一家中华料理店，看到生意变得惨淡后，马上申请了5部新电话，每部电话都设置成了不同的商家标签，到处散发传单。不可思议的是，从那以后，餐厅的外卖销量增加了两倍多。

有趣的现象是，订炸酱面的人们都以为自己叫的外卖是从不同的中华料理店里派送的。“还是‘中华楼’的更好吃！”“不，我觉得‘少林寺’的炸酱更好吃！”

打破常识的框架，就可以赚到钱了！

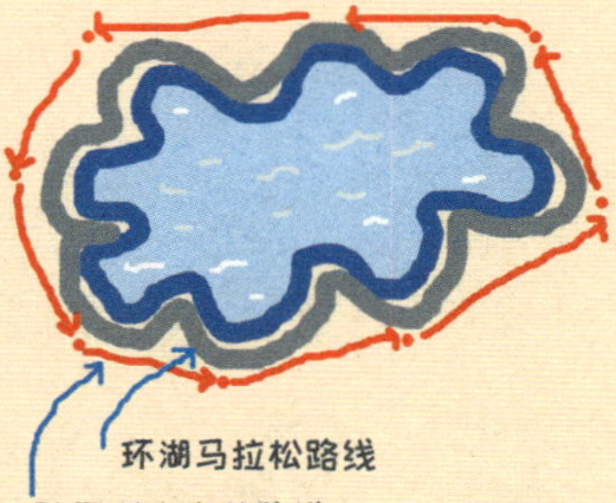

这是软件银行董事长孙正义上学时期的小故事。

学校举办了马拉松比赛，参赛选手都沿着湖泊周围设定好的路线奔跑着。开始跑一圈之后，孙正义发现虽然跑直线比跑曲线看似更远，但实际上距离更短。

那天，孙正义在1000名学生中脱颖而出，取得了第10名的佳绩。

如果能够打破常识的框架，跑步也能取得好成绩。

原本不具备的创造性，不可能从天而降，瞬间形成。

必须不停地付出努力和时刻准备着。

一整个星期都在不停工作的人！

每周休息两天，制定计划并长期坚持的人！

比尔·毕晓普小时候是在一个湖泊旁边长大的。

湖边住着两位渡工——伦和米尔顿，他们每天从事摆渡工作。

他们两个人的渡船都非常破旧，服务也很不周到，但却有一个不同之处。

伦日复一日，年复一年，每天都不休息，努力干活；但米尔顿每周会拿出两天的时间休息。

趁这两天，伦把米尔顿的客人也抢了过来，赚了比米尔顿更多的钱。

但是，米尔顿在休息的两天里，不仅制造了更好的渡船，而且冥思苦想怎样才能更好地满足顾客们的各种要求。

三年后，米尔顿凭借新渡船垄断了摆渡的工作，而伦则失去了工作。

比尔·毕晓普从这两个人的经历中得到了教训，不仅创立了关系优先的法则，还成长为世界著名的商务战略专家。

每天都不愿意把手机关机一小时，不停地确认手机信息的你，懂得什么是暂停吗？

观点的差异

有一天，闲着无聊整理以前收集的资料时，偶然发现了2000年左右在日本出售过的创意产品，这让我对从不同的视角观照事物产生了思考。

其实，如果看一看日本热销的名为“6日内裤”的这个产品的广告语，会更觉得新奇。

——可以交替着穿6天。

——微波炉问世以后是最让消费者节约时间的产品。

乍一看这产品好像一件也卖不出去，然而在“6个月的使用有效期”的前提下，却成为热销产品甚至无法确保库存，消费者的取向真的是太多样了。

如果改变一下看待事物的观点，人生会变得更加愉快。

我在系衣服纽扣的时候，习惯从下往上系；与此相反，我妻子则喜欢从上往下系。

而且，她总是会问我“你为什么要反着系纽扣呢？”

所有人都是这样，总觉得自己的方式是对的。

有一天，儿子从图书租借店借来了漫画。但是，他并不是从第1册开始借的，而是借了第15册、第18册、第22册，看上去毫无顺序、杂乱无章。

“你要从第1册开始看才行啊，下次从第1册开始借吧。”

“为什么呀，爸爸？我想从这一册开始看啊，不能从自己想看的部分开始看吗？”

“……”

在这个世界上生活的时间久了，就会发现有时候我们所知道的知识和顺序是不一样的。

与其按照大家公认的顺序生活而无法做自己想做的事情，倒不如按照自己喜欢的顺序做自己想做的事情，这样的人生难道不是幸福的一生吗？

让我们偶尔抽出一点时间，练习一下从不同的观点看待事物吧。

即使是一模一样的事物，如果能从不同的角度去看待的话，你将会体会到更悠闲的人生。

如果能够改变一下观点，事物也会带给你全新的感觉。

你要寻找的答案，或许就在你身边。

差异化问题

我有两个性格迥异的朋友。

要买电子产品的时候，一个朋友会花一整天的时间在龙山电子一条街转悠，对价格进行比对，然后在价格最便宜的店家那里购买心仪的东西。这个朋友是不是很聪明呢?

另一个朋友则不然，他不管卖场的主人要价多少，都直接按此购买。见过几次这种情况后，我不解地问他："你为什么每次都愿意被商家宰呢?如果多走几步,完全可以买到更廉价的产品啊！"

他是这样回答的："人生在世，我们既有运气好的日子，也有倒霉的日子。那个卖场的主人，今天卖给我东西的时候可能会想'今天遇到了一个大傻瓜'，所以想把价格抬高。那就随他去吧！那个主人以及店员们，今天一天心情应该都不错吧。可一年下来，能有几次这样喊高价的机会呢？我就来成全其中的一次呗！"

是不是很傻的朋友啊？！

看到这两个朋友的处事风格之后，我决定不再苦恼于"怎样的人生是正确的，怎样的人生是错误的"这一问题。他们只是有着不同的价值标准，并把这一标准适用于自己的人生而已。

这并不是对错问题，而是一个差异化问题。

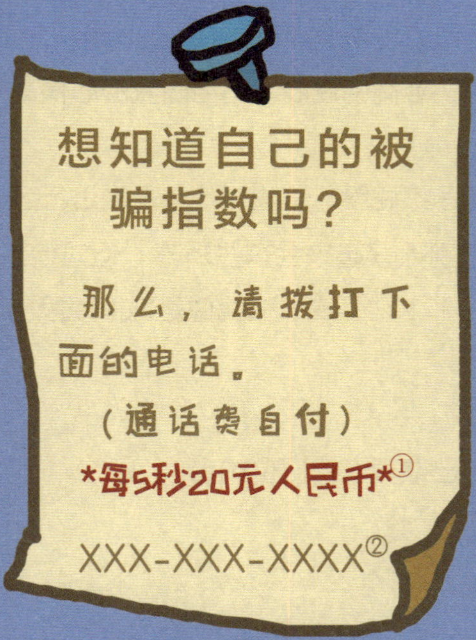

① 原文为韩元。本书中的价格根据阅读需要大部分已改为人民币价格。——编辑注

② 原文为韩国电话号码，为保护个人隐私，修改如此。——编辑注

特 权

老二元昊5岁的时候，偶尔会来找我说“爸爸，帮我擦屁股”。即使离他较近的妈妈想要帮他，他也一定会大喊要爸爸帮。虽然是帮他擦难闻的屁股，但当时我的心情却是非常好的。

我一边帮儿子擦屁股，一边对什么是爱进行了一番思考。

第一，虽然别人看起来会有些矫情，但对他来说，却是把自己最珍贵的东西交出来（就像是把擦屁股的特权交给爸爸一样）。

第二，把自己最羞涩的部位或者秘密原封不动地展现在自己所爱的人面前。

第三，随着一点点成长，爱的表现方式也要发生改变。长大成人之后，不能再让爸爸帮自己擦屁股了吧？

今天，你给了你所爱的人什么特权呢？

不同的想法

即使看到相同的事物，人们的想法也是各不相同的。

其结果，人只能做自己思考范围之内的事情。

扇子风扇

8月末，酷热的夏天即将过去。

我在地铁站里看到了两个小商贩。一个人觉得夏天就要过完了，所以原本卖6元人民币的扇子买一送一。另一个人卖的是可以保护使用了整个夏天的风扇的外罩，一个卖12元人民币。

你觉得谁卖得更多呢？

……

你的想法是对的。

夫妻吵架

有一天，因一些琐碎的事情，我跟妻子吵了一架。

在吵架的过程中，我说了这么一句话：

“要是被孩子们看见的话，他们会笑话我们的，笑话我们……”

这个时候，从房间里走出来的大儿子对我们说：

“爸爸，你俩真的太搞笑了！”

你和孩子们一起比跑步的时候，一定要赢吗？
你和孩子们一起玩游戏的时候，一定要赢吗？
你和孩子们一起掰手腕的时候，一定要赢吗？

……

但是，
为什么跟妻子吵架的时候，总是想赢呢？

有时候，输就是赢。

谎言和父亲

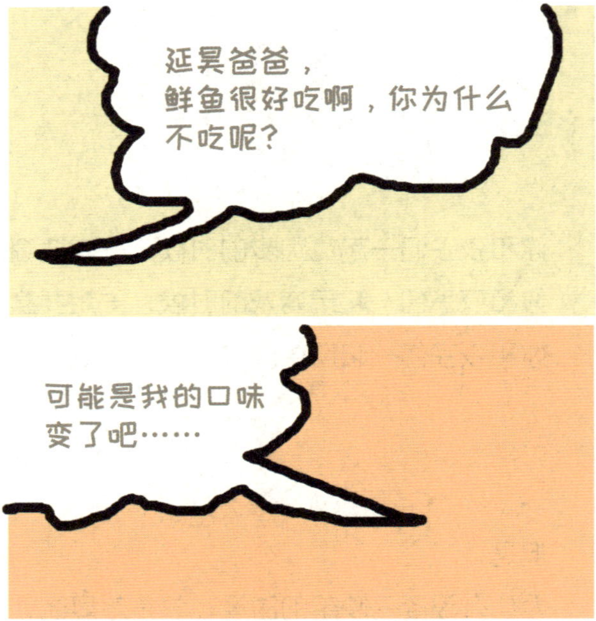

我跟妻子说话的时候，两个儿子在旁边吃得津津有味。

从谎言升级这一点儿来看，我也成了爸爸。

常识之外的故事

有一天，我跟老二去爬家后面的小山。我们在山顶美美享受了带来的饮料和面包，然后把吃剩的面包渣撒在了蚂蚁聚集的地方。

“元昊啊，这些蚂蚁看到面包渣的时候会想什么呢？”

“应该会说：‘哇啊！天上掉面包渣了！’吧。”

“它们会不会说‘没想到竟然能遇到这样的天降横财’呢？然后去告诉朋友们天上掉面包渣了，它的朋友们会相信吗？”

如果你的朋友，
告诉你一个
你认为的常识之外的事情，
你是相信呢，还是不相信呢？

一滴脏水

如果一滴脏水滴入水杯，杯子里的水就没法再喝了。

但是，如果把同样的一滴水滴入大海，大海不会发生任何变化。

你是否遇到过苦难和很难承受的困难呢?

那么，请不要为取胜而去斗争，让自己遭受挫折或者灰心丧气。

这时，只要保证自己先成长起来就可以了，只要成长得比苦难更高大，就能解决眼下的问题了。

对小老鼠来说，1厘米的伤口是会致命的。

但对于大象来说，1厘米的伤口根本就不会有任何感觉。

一定不要轻视自己，让自己陷入自卑感中无法自拔。

考验的大小对每个人来说都是相似的，只不过因为我们自己很渺小，所以问题看似很大而已。

所以公司的成长取决于老板的格局。

当苦难找上门来的时候，你会怎么做呢？

与自己的斗争

对看待世界的视角，日本动漫巨擘宫崎骏这样说：

“如果飞到天空俯瞰，我们将会对自己的生活空间更能保持真情实感。如果总是用相同的视角去看待事物，世界是不会发生任何变化的——看上去它像是被束缚着，像是不可撼动一样，凭借自己的力量是不可改变的。但是，如果改变一下视角，这个世界会变得更柔和一些，会根据接受人的不同而展现出不同的样子。”

今天就改变一下视角吧。

1990年，在德国举行过一场国际马拉松大赛，为了提升广告效应，阿迪达斯公司也努力地进行了宣传。但由于当时的官方赞助商是耐克，所以阿迪达斯改变了策略。

当时的运动广告都把重点集中在了与其他品牌的竞争或者与时间的竞争上。阿迪达斯对此进行了全新的解释，决定对处于异常艰难的情况中，也不忘与自己作斗争的高龄老人进行赞助，把广告的主题确定为“与自己的斗争”。

“马拉松并不是与他人进行的竞争，而是与自己展开的竞争。阿迪达斯帮助这些老人，希望他们能够在与自己的竞争中取胜。那才是真正的运动精神。阿迪达斯！”

阿迪达斯凭借这个广告，用最少的费用吸引了大众的关心。

改变一下你的视角吧。

背影中也有我自己

在觉得“应该没有人看到吧”的地方，偶尔也会产生有人正在盯着自己的感觉。

以前在公司上班的时候，当我自以为“看来XX对我没什么兴趣”的时候，有一天XX突然走到我身边，用非常温柔的语气说:“通过这段时间的观察，我发现你很诚实啊!”

听完XX的话，我震惊不已。

特技替身演员兼武术导演郑斗洪曾经说过，不管怎么努力，自己的脸都不会出现在画面中，但自己还是会竭尽全力去拍摄。

“背影中也充满了感情。”

我从他的这句话中明白：在自认为别人看不见的地方也要竭尽全力的真谛。

今天也有人在默默地盯着你!

“为什么要一直跟着我呢？”

看见未来的眼睛

打台球或者桌球的时候，那些问“你为什么老是撞台球案子呢？”的人都是一帮菜鸟，因为他们根本看不见路线。

以前，在公司、写字楼和商场里，到了下班时间后，保安人员会彻夜驻守在里面。因为大家觉得由人来守卫是最安全的。但是，日本保全公司西科姆（SECOM）却开发出了利用电脑的安保系统。当时所有人都说，没有保安巡楼是“疯狂的做法”，因此都进行了反对，但是现在变成什么样子了呢？

那些没有能看到未来的眼睛的人们，只能默默地等待未来的到来。

能量：生活，其中的热情

你的优点

在电影《安娜与国王》中，朱迪·福斯特教给了周润发把煮熟的鸡蛋放入瓶子里的方法。

试着把煮熟的鸡蛋放入空瓶吧，因为凭借蛮力是不可能做到的。

打破美国职业棒球大联盟84年来的纪录（一个赛季257个安打纪录）、创造了262个安打新纪录的棒球选手铃木一朗在接受采访的时候，曾经这样解释他能创下新纪录的原因：

“我从来没有想过要依靠力量把球击打出去。因为飞行距离是由球的平衡和怎样利用自己的身体决定的。”

依靠蛮力是不可能做到的。

首先要搞清楚自己拥有什么，自己的才能是什么。

要明白自己的公司具备什么、优势是什么，然后把注意力集中在自己的优势上才行。

如果铃木一朗为了打出安打而只知道使用蛮力的话，将不会有今天的荣誉。

挑战一次试试吧，凭借蛮力是绝对不可能做到的。

但是，如果在瓶子里点燃一根蜡烛的话，煮熟的鸡蛋就会被吸进瓶子里！

所谓的“得到认可”

我家前面有一栋筒子楼，一位老奶奶在停车场里养了一只小狗。大部分的小狗不管是什么品种，都会给人一种很可爱的感觉，但是当看到这只小狗的瞬间，我最先感觉到的却是可怜。可能是因为小区里的孩子对它也不是很友好，所以不管什么时候它总是看上去一副有气无力的样子。

我把两个儿子叫过来，对他们说：

“你们以后管那只小狗叫‘狮子’吧。”

“为什么要叫‘狮子’呢？”

“虽然它只是一只没有力量的小狗，但如果你们能够像对待狮子一样对待它的话，它的心情应该会很好吧？”

有没有人像对待狮子一样对你表示认可呢？

吞噬内心

本田汽车的本田宗一郎会长曾经说：

“很多人都梦想着成功。对我来说，所谓的成功只不过是通过接二连三的失败和自我反省而获得的东西。其实，成功在你的事业中只占1%的比例而已，99%都被称为失败。”

所谓的失败，根据你对待它的态度，既可能产生积极向上的影响，也可能产生消极否定的影响。

吞噬你内心的正是你自己。

苦难的低谷

1998年亚洲金融危机袭卷韩国的时候，失去全部财产不得已露宿街头的姜信基社长，虽然每天凌晨通过人力市场打零工，但他依然没有失去东山再起的希望。有一天，他突发奇想："如果滑板上不是四个轮子，而是两个轮子的话，会怎样呢？"之后他把这个想法申请了专利，并且还把"休闲体育"的名字推出了市场，并最终成了热销商品。

就像一座山既有顶峰也有山谷一样，人生也有顶峰和低谷。在痛苦和苦难的低谷，我们可以学到在人生顶峰上无法学习到的东西。相反在低谷会产生不可能再堕落、只能触底反弹的悠闲想法。

不要躲避考验，勇敢地迎面斗争吧。
要在倒下的地方重新站起来才行。
苦难会让你变得更加强大！

我把自尊心，

掏了出来。

用电熨斗

把伤痕熨烫得平平整整。

明天，

我将会勇敢地重新站起来。

有实力的领导者

麦克阿瑟将军在上学的时候，有一次因遭遇突发事故而没能按时参加考试，但教授根据他的平时实力，依然给了一个B。

然而，他却去找教授请求参加补考。

“教授，我不想因同情得B，而是想凭借自己的实力得A。”

基于实力的自负，是可以成就一番大事的。可是为了获取真本事，必须得付出一定的代价才行。即使是非常微小的事情，也一定要善始善终。一定要过上可以对人们产生影响的模范人生。

成为一个通过人生的真实模样而展现出实力的领导者吧！

麦克阿瑟将军坐在空无一人的教室里参加了考试。

你是谁？

毕业于哈佛大学的美国修道士玄觉大师曾经说过这样的话：

“大脑中装着很多知识的人们反而并不了解自己。这是一个多么有趣的事实，又是一个多么可怕的事实啊！”

你的存在本质是什么呢？

创造力

在一堂美术课上，老师对我们说可以画自己想画的任何东西。小朋友们画的都是狮子、汽车、花草、飞机等。我则先把整个画纸涂成了黄色，然后用黑色的画笔在上面画了三条细线。整幅画连5分钟都不到就画好了。

老师看了看我的作品，然后问：

“你画的这是什么啊？”

“这是今天早晨掉在床上的我的头发。”

老师一边哈哈大笑，一边在我的额头前晃了晃手指，假装要打我。我想如果那个时候老师批评了我，或者让我像其他小朋友一样画风景和小动物的话，我可能一辈子都要在固定观念的桎梏中生活。

这次把场景转移到职场吧。

你是在启发职员们的创造力呢，还是压制着他们呢？

《哈利·波特》于1997年在英国出版之前，一共被9家出版社拒绝了。在日本，一家只有一名社长和一名职员的迷你出版公司买到了版权，这本书最终成为畅销书。在韩国，文学手册出版社的金恩景社长做版权代理的时候，偶然间读到了英文版的《哈利·波特》，于是提交了选题策划案，但却被高层退了回来。虽然一共被退回了5次，但她最终还是说服了高层。1999年《哈利·波特》在韩国出版，很快便成了超级畅销书。

大部分的职员，如果被拒绝了3次，就不会再提出新的点子了。

为职员们打造一个宽容失败、可以自由自在地发表意见的氛围吧。

一名职员有可能改变整个公司的命运。

口渴

一位大师曾经说过："听到水里的鱼也会口渴的话之后，我笑了！"

有时候，我们总是看不见身边的解决方案，反而舍近求远。

每个人都有让自己觉得口渴的东西。

渴望金钱的人用金钱来解渴，渴望爱的人用爱来解渴，渴望权力的人则用权力来解渴。

你有多么口渴就会多么努力，有多么恳切就会多么竭尽全力。

这个时候，需要我们回望一下。

"现在我因为什么而感到口渴呢？"

比较意识

心理学家卡尔·荣格曾经说过：

“如果能够摒弃比较意识的话，我们社会中存在的犯罪、自杀、抑郁症等‘顽疾’很容易就能够治愈了。”

摒弃比较意识的方法只有一个——感恩！

仔细找一找，看看你拥有的一切中，应该感谢的东西到底有多少。

比较意识今天也在我的心里游来游去。

最珍贵的礼物

世界上最珍贵的礼物就是当下。

人生也是一次性的

一次性的东西用过之后扔掉！

纸杯，用过之后扔掉！

一个小时，嗯……用过之后扔掉！

也是一次性的啊。用过之后扔掉！

一个月，用过之后扔掉！

因为是一次性的，所以用过之后扔掉！

……

啊！人生也是一次性的啊！

我 是 谁 ？

在电影《老男孩》中，崔民植在接听囚禁自己的人的电话时，说出了这样的话：

“你，是谁？”

你是谁？
搞清楚自己是谁，
决定了自己以后要做什么，
决定了要怎样生活，决定了自己剩余的人生。

我与什么接触最多呢？
我今天所接触的东西决定了我。

亚当斯曾经说过：“我们应该暂时关掉电话，离开汽车，中断活动，思考一下人生到底是什么，我们为什么要活着，我们真正想要的是什么。”

现在，抽出时间来听一听自己内心的声音吧。

自 爱

有一天，三星集团的李健熙会长收到了日本顾问福田编写的一份报告书：

“虽然在过去的10年里，我不停地对职员们说要把用过的螺丝刀、零件、测量器放回原处，但是到现在依然没有任何改变。寻找工具就要花费好几个小时，测量器坏了也没有人去修理。现在我已经忍无可忍了。”

他问在座的董事们，为什么会这样。

董事们回答说，“因为处罚力度不够强”、“因为大家没有责任意识”。

李健熙会长听了他们的话之后说：

“那是因为他们不爱自己。”

如果想让自己得到别人的尊重，首先要学会尊重他人。

不为别人做整理就是在虐待自己，因为整理中就隐藏着人类的尊重意识。

如果知道了自己的真正价值，就会爱自己。

在自己的内心深处拥有真心的人，是不会伤害他人的。

种下一粒爱的种子，收获的是满满的爱。

名叫“过去”的桎梏

不要被过去所束缚。

应该懂得以过去为经验去预测未来，唯有这样才能构想出未来蓝图。

未来产业的创始人郑文术在43岁的时候被迫离职。投资了一半退休金的公司又遭遇诈骗，只给他剩下了一个徒有虚名的法人代表职位。他并没有因此一蹶不振，而是在原地重新开始。

即使在实现目标的过程中遇到了困境，
也不要因失败而绝望，要重新站起来。
今天需要超越昨天的一切，
超越别人的业绩并不重要，
超越自己才是最重要的。

不要让过去支配你的命运，
过去绝对不会再改变，
然而，今天的行动可能会改变未来。

已流走的水，是无法再转动水车的。

担忧的诞生

所谓的担忧都是通过“学习”来的，并不是与生俱来、生来就懂的。

一个失去工作、把房子也抵押给银行的人，曾经跟朋友说过这样的话：

“我现在没什么可担忧的了。”

“什么？你怎么能不担忧呢？”

“我雇了一个替我担忧的人。”

“真是一个不错的想法啊，但是如果要雇佣那个人，需要花多少钱呢？”

“1年20万人民币左右吧。”

“哎呀，你现在连工作都没有，准备怎么拿出那么多的钱啊？”

“啊！这是个大问题啊！”

所谓的担忧是一个后天养成的习惯。

小孩子们会继承父母的担忧。

你的担忧并不会让状况发生改变。

有时间担忧，不如去行动。

然后感恩当下身边的一切。

逆向思维

从餐厅里出来之后，朋友立即开始嚼口香糖。

我问他：“为什么嚼口香糖？”

他回答：“嗯，为了口气清新。”

如果说为了口气清新而嚼口香糖的话，反过来也可以为了产生口气而嚼口香糖。

于是，我设想了一下这样的产品。

击退流氓用——大蒜味口香糖

女性专用——口气太好闻了！

为了喜欢吹牛的你准备的

——散发威士忌味道的口香糖！

一杯威士忌味道的口香糖！

不管喝白酒还是喝啤酒，都没关系！

不管什么时候，你的嘴里都能散发出威士忌的味道！

把木糖醇口香糖装在一个塑料容器里，让口香糖成为热销产品的乐天食品的一位组长曾经说：

“在当时，把木糖醇口香糖装在塑料容器里，而且还以高价出售，根本就是完全不可想象的冒险。”

思维的转换往往是成功的捷径。

新产品：牙刷口香糖

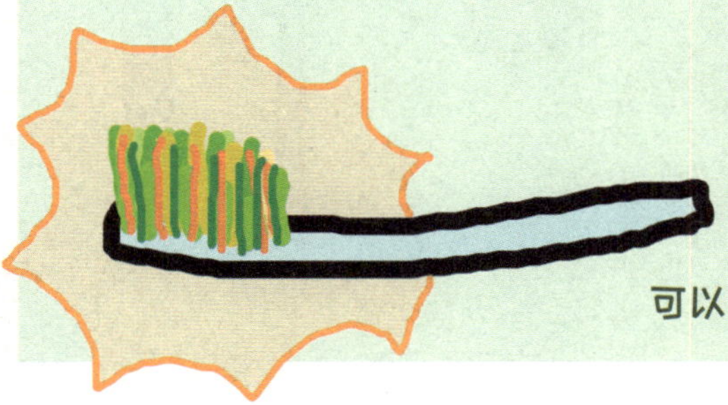

吃过饭之后，睡觉之前，
只要把这个牙刷全都放进嘴里
就可以了。
如果想要不同的味道，
可以挤上一些不同的牙膏口香糖。

梦想和爱：认清自己的局限

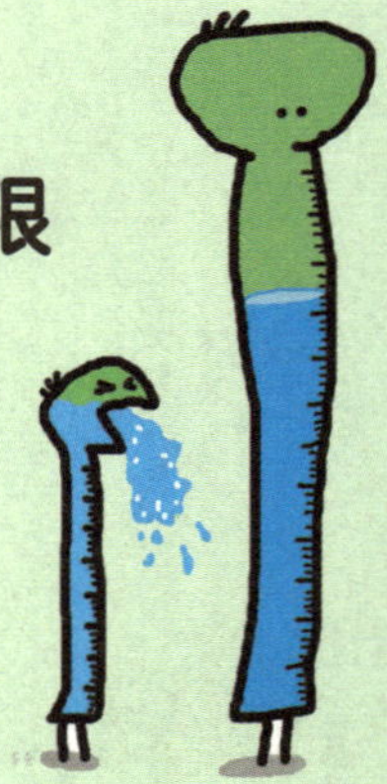

在同一片天空下

人们全都生活在同一片天空下，

但所看到的天空的高度却各不相同。

没有“白手起家”的富翁

我还记得小时候，在国外的幽默故事里看到“没有钱也可以生活的方法——一本3美元”的文字时，一个人哈哈笑了好久。

世界顶级化妆品公司雅诗兰黛的创始人雅诗兰黛偶尔会在媒体上看到“雅诗兰黛从‘无’中创造出了财富”这样的报道。每当这个时候，她就会说报道中的主张是错误的，而且是大错特错。

“不管是什么样的企业家，根本不可能从‘无’出发。如果想要开创自己的事业，要么先准备资金，要么找好可以借给自己资金的人才行。当然，也有可能并不需要大额的资金，但是首先要准备好的是能够让自己生活下去的资金。不管是谁，都不可能在一无所有的状态下实现梦想，或者是从‘无’出发变成大富豪。”

① 在韩文中，萝卜与“无”同音。——编辑注

需要放下的时候

在备战雅典奥运会的选拔赛上，乒乓球运动员金泽洙获得了第一名。

然而，当天晚上，他却苦恼了良久。

“如果柳承敏参加男子团体比赛的话，获奖的可能性应该很高吧？而我又处于什么样的情况呢？如果错过这次机会的话，以后想再次参加奥运会几乎是不可能的了。”

第二天，金泽洙放弃了奥运会参赛权，请求担任柳承敏的教练。而柳承敏也不负众望在乒乓球男子团体比赛中获得了奥运会金牌。

金基德导演的电影《春夏秋冬又一春》中出现过这样的几句台词。

“人生在世，有时候需要放下自己所拥有的东西。”

“为什么不明白自己喜欢的东西，别人也很喜欢呢？”

在人生的道路中，有时需要暂时放下自己的欲望，放下自己所拥有的东西。

如果错过那个时机，可能会后悔一辈子。

现在仔细看一看你攥在手里的东西到底是什么吧。

有些人手中的玫瑰花，在别人眼中可能只是一棵杂草而已。

你的梦想是什么？

你的未来蓝图是什么？**你的梦想是什么？**

我很好奇。

我是谁？

我是什么？

了解自己的局限

当现代集团的郑周永会长谢绝了大韩体育会长的职位之后，当时的总统问他:“您是因为觉得职位太低吗？”

郑周永是这样回答的：“那是因为总统先生并不了解我的性格，我这个人做事的时候从来没有考虑过职位的高低，如果我能够胜任的话，我就会去做；当我发现这件事情不如交给别人做的时候，我是不会做的。”

十分清楚自己局限的领导者。

领导力的必需条件就是了解自己的局限。

无尽的苦恼，“为什么？”

万代株式会社的职员亚纪在电视上看到一个小朋友想要把自己养的乌龟带到幼儿园里去的视频之后，开始思考“为什么呢？”

“乌龟又不会摇尾巴，行动也慢吞吞的，也没办法抚摸，根本就没有任何趣味，但是孩子们为什么喜欢呢？为什么呢？”

“乌龟与洋娃娃的唯一区别，就在于乌龟是‘活生生’的！”

“是啊，那我们就出一个能够与孩子们对话的小电脑吧。”

于是，诞生了引起全世界狂热追捧的“拓麻歌子（宠物蛋）”。

万代株式会社的销售收入也随即水涨船高。

亚纪不停地质问**“为什么”，用一己之力改变了公司的命运。**

大器晚成！哪里的话！

在入职后最初的3年里产生的差距，一辈子也赶不上。

未来蓝图

领导很努力地为职员们说明公司的未来和蓝图。但是，如果听的人不敞开心扉的话，只不过是一些烦人的唠叨而已。所以，首先要让自己参与到蓝图中才行。

如果大便、尿液进入水中的话，水就会被污染。
同样的大便和尿液，如果进入土壤里的话，就会成为肥料。

我是什么样的人呢？
是组织的污染物呢，还是像肥料一样的人呢？

无人岛风险投资公司

曾经有一位非常成功的风险投资家遭遇了台风的袭击，在海上漂流了几天之后到达一个无人岛，并独自一人在上面生活了15年。过了15年后，终于被路过的船只救了出去。

船员们乘坐皮艇来到无人岛上，想要带他走的时候，看到了非常奇怪的场面：

无人岛上居然有三个窝棚。

一个船员产生了好奇心，于是问他：

“在空荡荡的无人岛上，就你一个人生活，为什么要盖三栋房子呢？”

那个男人听了之后笑着说：

“位于最左边的屋子是我的家，中间的是我的风险投资公司。”

船员们被这个男人的挑战精神感动了，然后问他：

“那么最右边的房子是做什么用的呢？”

那个男人回答说。

“啊，那个房子，那是竞争企业。”

不管在什么样的环境下，都可以发展事业。

你要做什么？

星期天，我曾经用车搭载过一对兄妹。

那时，哥哥上6年级，妹妹上2年级。

有一天，我问妹妹：“你最近在读什么书啊？”

“我读了《白雪公主》。”

“是吗，有意思吗？”

“是的。”

“读完之后是不是也想成为白雪公主啊？”

“……”

沉默了一会儿之后，小女孩反问我。

“成为白雪公主之后干什么呢？”

“啊！”

我一边开车一边思绪万千。

“成为富翁之后要干什么？成功之后要干什么？掌握权力之后要干什么？……要干什么？……要干什么？”

对啊，我想要干什么呢？

我内在的才能

看到在职场上到处跳来跳去、满身伤痛的自己，有没有失望过呢?

德国考古学家海因里希·施里曼小时候读过荷马的《伊利亚特》，然后一下子就喜欢上了特洛伊。他相信特洛伊并不仅仅是一个传说，一定是真实存在过的。

“我一定要把特洛伊找出来。”

他很快就明白了，为了实现自己的梦想，首先要有钱才行。于是他有了要赚钱的目标。在他赚到了足够的金钱之后，44岁的他才开始了考古研究，并且最终证实了特洛伊的存在。

不要去遥远的地方寻找宝藏，

首先把隐藏在自己内在的才能发掘出来吧。

“就在你挖着挖着就要放弃的地方，埋藏着宝藏。”

想要隐藏的东西

三十多岁的时候，有一次我去了一位比其他同学结婚晚一些的朋友家里。

我看到柜子上有一盒录像带，所以就顺便问了一句："这是什么电影啊？"

那个朋友的脸一下子变得通红，然后手忙脚乱地想要把录像带藏起来。

我一边说"给我看看"一边把录像带抢了过来，并且在录像带上写了一行题目，然后放在了显眼的化妆台上，笑着对他说："现在不会再有人想要看它了！"

我在录像带上写的题目是"南北经济和统一论"。

每个人都有想要隐藏的什么东西。

苹果公司的史蒂夫·乔布斯在解雇阿瓦德斯·特凡尼安的时候，一分钱都不想给他。那个时候，阿瓦德斯·特凡尼安在心里想了想。

"我比乔布斯多拥有的东西是什么呢？不管是什么，只要是他所不知道的东西，那么对我来说就是有利的！"

他虚张声势地对乔布斯说：

"我每天都要与记者们见面数十次，他们总是这样问我：'真实的乔布斯到底是一个什么样的人呢？'"

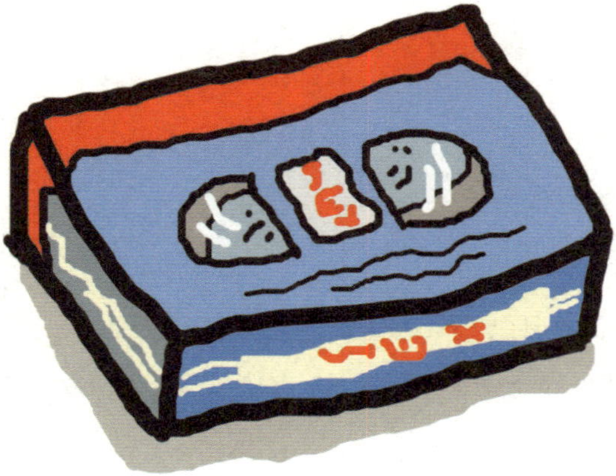

乔布斯立即给了他25000美元，而且没过多久又为雇佣他而费尽了心思。

电影《汉城大劫案》的最后一幕中，传来了女主人公冷静的声音：

“诈骗是一场心理战。如果知道那个人想要什么、害怕什么的话，游戏就结束了。”

人生如此，事业亦是如此。

我拥有而对方没有的东西是什么？

不能让竞争对手知道的我们公司的弱点是什么呢？

从已知的东西开始

那些宿命论者就没有必要读这篇文章了。

如果你不接受宿命论，那么从现在开始就变成一名编剧，尽情地编写你的一生吧。

命运是靠自己开拓出来的。

建筑家、韩国前国会议员金镇爱被《时代周刊》评选为100名新时代领导者的时候，一家大企业为了进行项目咨询，聚集了众多专家，不停地向他提问，想要从金镇爱身上得到什么秘诀。

然而，听完金镇爱的回答之后，一位工作人员反驳说："您说的这些全都是我们已经知道的内容啊！"

金镇爱听了之后是这样回答的：

"只有从知道的东西开始，才能够创造出什么吧？"

搞清楚自己已经知道的东西，也就意味着搞清楚自己所不知道的东西。

从你能够做好的、最清楚的部分开始编写你的剧本吧。

现在你要设计10年后你的模样！

舌 癌

下面是一位患舌癌的患者在手术之前和主治医生的一段对话。

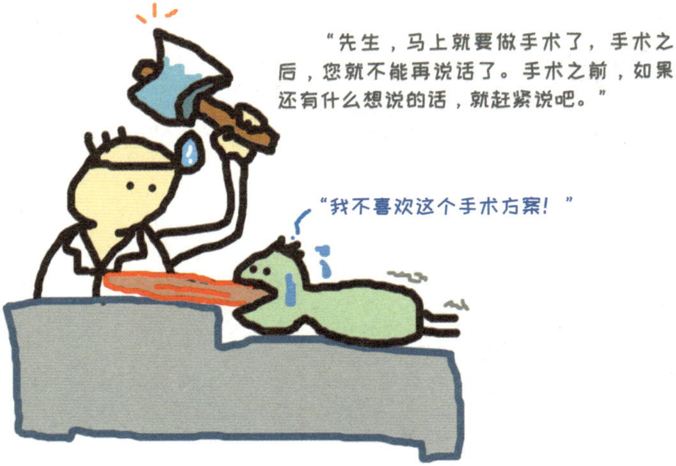

也向自己问一下这个问题吧。

如果让你说这辈子的最后一句话，你会说什么呢？

微不足道的事情

李安执导的电影《卧虎藏龙》荣获了4项奥斯卡大奖。

电影中有一幕讲的是女主人公和马匪头目在沙漠中为争夺一把梳子而坠入了爱河。

看到那个场面之后，我儿子不解地说：

“竟然为一把梳子争得你死我活？太不可理喻了。”

说完，他用一脸无法理解的表情望着我。

因为他还太年轻，根本无法理解成年男女之间的微妙感情，所以理所当然地会产生这样的疑问。

今天站在第三者的立场，回顾一下自己吧。

在家庭中，在职场中，在社会中，在组织中，我们是不是因为完全微不足道的事情而争吵得死去活来呢？

工作狂

如果你是一个工作中毒的工作狂的话，有一个办法可以解决。

在你的时间计划表中，把运动和家庭生活也加进去吧。然后，赋予它们像日常工作一样的优先顺序。

家庭经营研究所的姜学忠所长，曾经因为走上了与所有人所追求的背道而驰的道路而成为话题人物。

所有人都想向上爬，但姜所长却毅然决然地辞去了一家公司的法人代表一职。虽然预想到会入不敷出，但是他依然开始了自己一直关注的、想要长久从事下去的工作。

“虽然这件事情很微小，但是我却希望能够把这件普通的事情长久地做下去，并赋予它很大的价值，我不留恋量的成长，不在乎展现在外部的模样。而且，我并不是在外部的支持或者赞助的前提下去做这件事，而是尽可能地利用我现有的资源，认真地、一步一步地、诚实地去做这件事。”

有些人把“怎样才能让他人的家庭变得更加健康和幸福”作为一辈子追求的价值，并且不停地努力，但是却根本没有照顾自己家庭的时间，这又应该怎样解释呢？

首先把工作和家庭放在平等的位置上去对待。

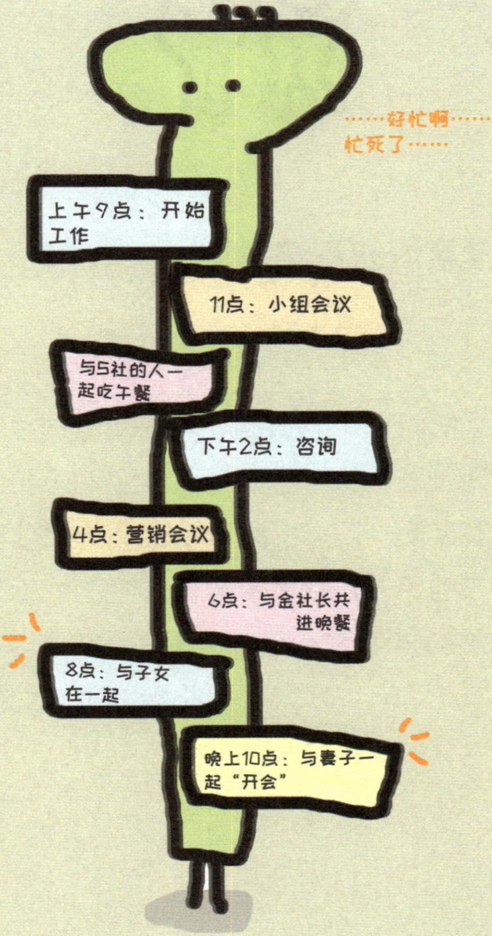

摆脱权威意识的方法

我是一个不喜欢穿西装的人，但是在一个星期六要参加婚礼，所以又把柜子里的西装拿了出来，这时才发现左边口袋的下边部分出现了一个很小的洞。虽然妻子说要扔了，但是我觉得根本就不影响穿着，所以还是穿着那套西装去参加了婚礼。

在回来的路上，突然想起了以前曾阅读过的德国作家埃里希·凯斯特纳的《动物会议》中出现的瞑虫啃噬衣服的故事。无数的瞑虫飞到人间来，把军装和制服全都吃掉，把军人们都变成了裸体。

每当看到那些说谎的从政人士的时候，我就觉得如果能够把那些瞑虫做成喷雾商品的话就好了。

这样就可以在他们说谎的瞬间喷在他们身上，把他们赤裸裸的模样公之于众。

如果不穿衣服，大家都是一模一样的，

如果我们的社会能够像脱衣服一样，更多地摆脱掉权威意识的话……

30秒内帮您脱光

（注意：严禁用在女性身上）

起跑线顺序

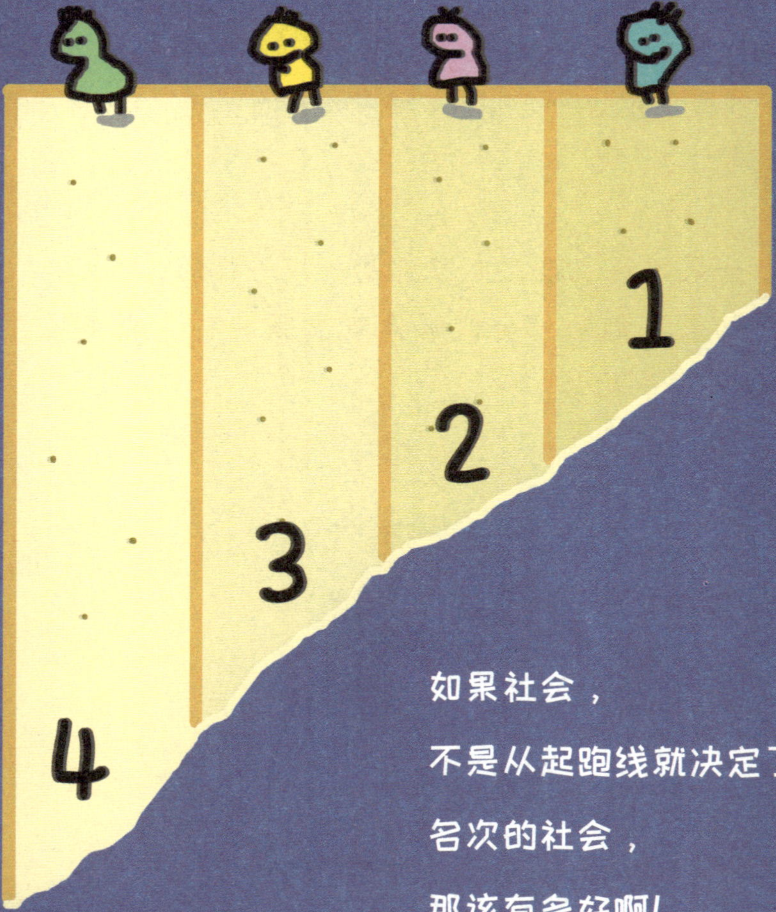

如果社会，

不是从起跑线就决定了

名次的社会，

那该有多好啊！

信　赖

你能够相信同事，相信公司，相信职员，相信上司，然后放开自己的手吗？

爱就是信赖！

希望阶梯

1960年，在第17届罗马奥运会马拉松比赛中，光脚跑完全程并取得第一名的埃塞俄比亚田径运动员阿比比·比基拉曾经说过这样的话：

“我从来都没有想过要与别人竞争取胜，我只是在战胜自己的痛苦而已。因为马拉松是一项非常痛苦的运动，所以每次都是气喘吁吁地奔跑，心脏像是要跳出来一样猛烈跳动。有时候，也会觉得身体非常沉重，非常痛苦。每当那个时候，需要好好地调整自己的状态，像平时一样奔跑才行。我没有输给自己的痛苦和艰辛，一直坚持到最后的时候，才会最终会与胜利连到一起。”

好了，现在就让我们向上爬吧！

第二章

2

打破思考的壁垒，挑战吧

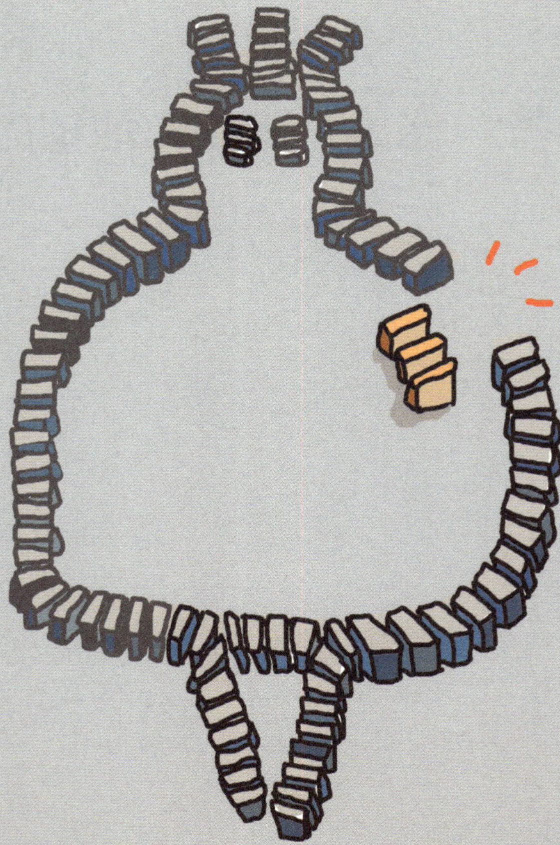

思考： 想象一下自己期望的未来吧

播撒沙子

做早饭的时候，如果把一把大米和一把沙子放在一起的话，会怎样呢？

上班的时候，如果在汽车发动机里撒一把沙子的话，会怎样呢？

我想，那一天将会作为心情很差的一天被一直牢记在心吧。

早晨上班的时候，在你的心里塞进消极的想法、自卑感、挫折、担忧等，就跟把沙子撒进汽车发动机里是一样的。要不要放沙子进去是由你来决定的。

我只是想愉快地开始一天而已。

烙印效应

"老板，我只睡10分钟，到时候一定要叫醒我！"

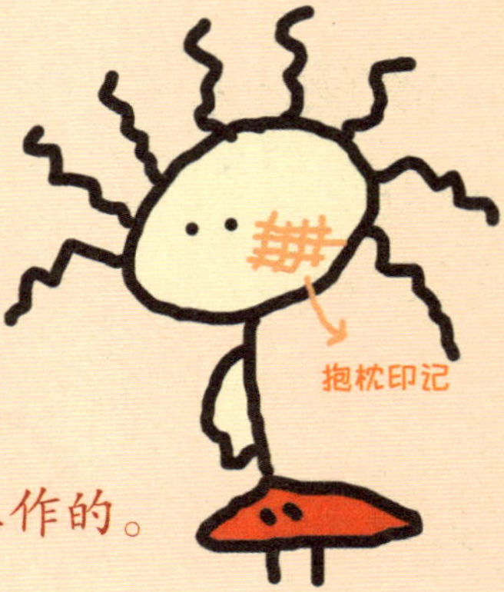

如果感到疲倦的话，是没办法工作的。

我为了让她睡足，并没有叫醒她。

过了一会儿，睡醒之后的女职员的脸上留下了抱枕的印记，因为她是趴在抱枕上睡的。她沉睡的痕迹好像一直持续了两个多小时。看到这一幕之后，我在想，如果制造出可以不留痕迹的抱枕会怎么样；为那些睡觉的时候会流哈喇子的人制作一个可以吸收哈喇子的抱枕怎么样，我认真地想了很久。

以前，为了辨认自己家的牲口，主人会在家畜的后背上烙上烙印。

虽然睡觉的时候留下的印记会随着时间的流逝而消失，但是烙印是一辈子都不会消失的。

曾经有人对我说过这样的话：

“现在的人们都带着叫作‘外号’的烙印生活。”

人们总是为了配合别人起的外号而不停地努力，这就被称为“烙印效果”。

因此，根据外号的不同，行动也会变得不同。

你现在带着一种什么样的外号生活呢？

为什么偏偏是在额头上呢？

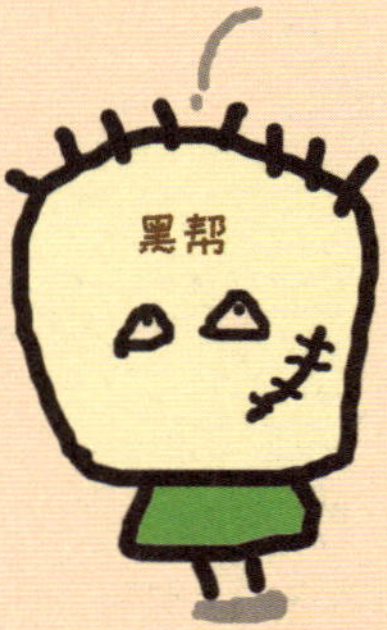

人生和多米诺

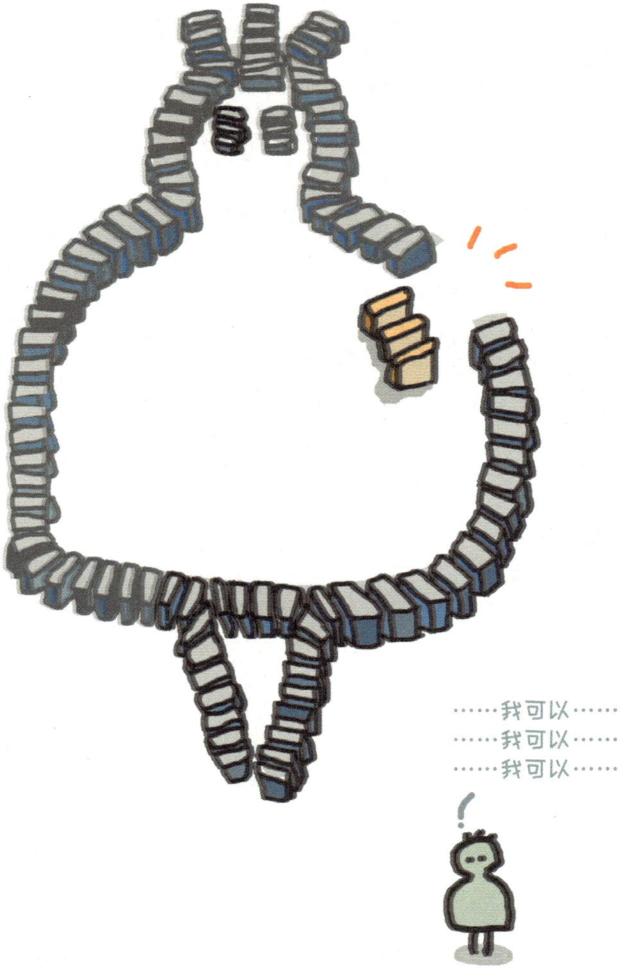

人生就像多米诺!

人生在世，如果改变一种思想的流向，整个人生都会发生改变!

行动治疗师

虽然一大把年纪了，我却不会游泳。

小时候在溪谷里溺过水之后，比起玩水，我更喜欢游山了。

某个夏天，我跟着同事们一起去江原道汉滩江玩漂流。

当然，我是吵着闹着要去山里玩的……

虽然我一直说不玩，但是最后还是穿上了一件救生衣，坐上了小艇。

救生员把小艇开到水最深的地方，然后一下子把像我一样害怕水的人全都扔到了水里。

虽然呛了几口水，但我马上却发现“啊，原来不会死啊！”

从那个瞬间开始，原本让我觉得很恐怖的漂流一下子变得有趣起来。我对水的恐惧从那个时候起消失殆尽了。

行动可以治疗内心深处的恐惧。

创意的力量

这是高丽雅娜会长俞相玉还在东亚制药工作的时候发生的故事。

当时，东亚制药生产了一种名为“肠胃的绿色信号灯——Mexolon”的药品，卖了大约10万瓶的时候，他开始思考。

“说的是喝酒前后吃Mexolon会对身体好，那么直接加入酒里一起喝的话，岂不是更好吗？”

他拿着原本只在药店里卖的Mexolon去了烤肉店里。然后当着烤肉店主人和众多客人的面，把蓝色的Mexolon倒进了烧酒瓶里，制作出了颜色非常漂亮的烧酒。从那以后，一传十，十传百，凭借这个没有花一分钱的创意，Mexolon的销售量从10万瓶一下子蹿升到了100万瓶。

现在你的一个小小的创意可能就会拯救你的公司。

未来的你

打造未来的我的就是我自己。

人生的价值并不在于时间的长短，而在于你怎样使用这些时间。

彼得·德鲁克曾经说过这样的话：

“我现在正做的事情，如果还没有开始的话，会从现在开始动手吧？”

如果决定要做就不要犹豫，竭尽全力去做吧。

天才高尔夫球手泰格·伍兹21岁的时候转为专业选手，他说自己的人生哲学就是“绝对不放弃”以及“世界啊，我来了，准备好了吗？”

希望当你与未来的自己见面时，能够露出笑容。

现在的你向未来飞黄腾达的你送上了有些凄凉的问候。

丢失的精神

大儿子说五花肉上的肥肉太多了，所以要用剪刀剪掉之后才开始吃饭。

五花肉上的肥肉用剪刀剪掉就可以，
身上的肥肉通过运动减掉也可以了，
但是，精神上的脂肪应该怎么办呢？

孟子曾经说过："人有鸡犬放，则知求之；有放心，而不知求。学问之道无他，求其放心而已矣。"

你丢失了热情吗？丢失了意志吗？
有没有把自信丢在路上呢？
那么，让我们先把这些东西找回来吧！

箭　头

给下面的螺旋形圆圈画上箭头吧。

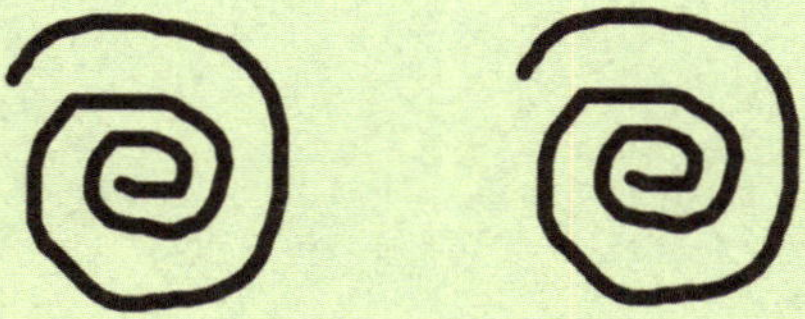

你的箭头指向哪里呢?

完美的天气

一场狂风暴雨来袭的某一天，所有营销人员三五成群聚在一起，思考要怎样消磨这鬼天气的时候，其中一个人是这样说的：

“对直销人员来说，真是太完美的天气了，因为所有人都在家里啊！”

明明处于相同的境遇中，可应对的方式怎么会有如此的不同呢？

不要坐等环境发生变化。希望环境能够变得符合自己的心情，与等待着不漏水的碗漏水是一样的。

去爱你所处的真实状况，努力地去改变自己吧。那么，环境也将会慢慢地发生改变。

清除贪欲

人的内心发出的气味，要比身体发出的气味难闻很多。

韩国作家李外秀曾经对人类的爱做了如下说明：

“动物们为了捕获自己的猎物而全力疾驰的样子是最美丽的，人类为了他人而作出牺牲的模样是最美丽的。如果你想得到成功的‘动物之爱’，那就展现出为猎物而全力驰骋的模样吧，如果你想获得成功的‘人类之爱’，那么就展现出为他人而牺牲的模样吧。”

我们要学会清空自己心房里的所有贪欲，

然后放入全新的蓝图。

小心眼的眼里

全都是小心眼。

首先，让你变得宽宏大量吧。

简　历

美国在线（AOL）的创始人史蒂夫·凯斯在20世纪80年代编写的简历中写道：

“如果把目前电气通信领域里发生的技术革新汇集起来，家庭里的电视机就会变成信息通道，变成报纸，变成学校，变成计算机，变成国民投票的机器和商品目录。”

但是，他投简历的那些公司根本就没有把他的预言放在眼里。在从事了一段时间其他方面的工作之后，1982年凯斯确信自己的点子能够实现，所以担任了一家名为控制视频的、欠着一屁股债的新生公司的CEO。

这家公司就是AOL的母公司。

年轻人，
请你们带着希望，编写自己的简历吧！
如果目标明确的话，梦想就会实现。

简历

名字：金就业
出生日期：1977年6月25日
学历：创业大学 可以做到专业

经历：

1. 我们株式会社——简历审核阶段被淘汰
2. 摆谱技术——面试阶段被淘汰
3. （株式会社）哐当——复试阶段被淘汰
4. 强力邦迪社——简历审核阶段被淘汰
5. 当啷公司——第3次面试阶段被淘汰
6. 快乐商社——实习生第1次审核阶段被淘汰
7. 来自未来（株式会社）——转正阶段被淘汰
8. 百折不挠电子——第8次面试阶段被淘汰
9. 呆愣愣（株式会社）——简历审核阶段被淘汰
10. （株式会社）一口气——面试阶段被淘汰

……

除此之外，被淘汰的经历还有98次。

我不会放弃的，因为未来是属于我的。

失败也是一种经验，加油……加油！

自我形象

如果在入睡前不停地对自己说“我好累啊”，那么不管睡多久，第二天都会觉得很累。

如果在入睡之前不停地想“睡醒之后肯定很清爽”，那么第二天清早真的会觉得很舒服。

我们所说的每一句话，都存在于我们的潜在意识中，会主宰我们的生活。

威尔玛·鲁道夫4岁时不幸患了小儿麻痹和肺炎，因此从6岁开始就无法再使用左腿了。在经历了不懈的努力之后，她终于可以独自走路了，上中学后她成了一名篮球队员，后来慢慢地转为田径选手。

“妈妈从很久以前开始就这样告诉我，不管我想要的是什么，都一定会实现的。我的第一个愿望，就是不使用拐杖也能走路。”

威尔玛不停地重复“我可以走路，我一定可以！”

16岁的时候，她代表美国参加了奥运会，1960年第17届罗马奥运会上，她在100米、200米、400米接力赛中创造新的世界纪录，把金牌挂在了脖子上。

不要总想着消极否定的形象，要成为一个想着积极向上形象的人。

不管你愿不愿意，从你嘴里说出的每一句话，都会在别人面前画出你的肖像。

人们总是通过一个人所说的话来判断一个人。

苦难：只不过是人生的一部分而已

心灵的排气扇

今天，我在自己的心里安装了一个排气扇。把郁积在心底、隐藏在心底的所有愤怒全都排了出去。

你也试着在自己的心里安装一个排气扇吧。

对环境和条件作出反抗的时候

有一段时间，因为公司经营遇到问题，我曾在下班之后从5点到10点，每天做5个小时的体力劳动。

回到家里吃过晚饭、洗漱完毕便到了夜里12点了。经过了4个月的劳动之后，我的腰围缩小了5.08厘米左右。但是，见到熟人的时候，我会骗他们说是运动减肥了。

原本听惯了“社长”的称呼， 然后在干苦力的时候被别人叫“崔哥”，一开始还是有些尴尬。但是，听到“哥”时心情还是不错的。如果说我在这里学到了一点什么的话，那就是以后在挑选新员工的时候，一定要让他们做一下体力工作。

在艰苦的情况下，人的真心就会显露无疑。

只做领导安排的事情的人，等待着下班时间的人，他们很快就会养成惰性。

嘴上说要竭尽全力，但是又说惯例如此，状况如此，找各种借口。

当遇到难事的时候，人的外在和内心是不一样的。

我在工地上的这4个月里，认真地回望了一下自己的过去。也明白了如果一辈子都做这样的工作，是多么痛苦的一件事情。但是，不得不一辈子从事体力劳动的人也是存在的，在这样艰苦的环境中，他们消耗着自己人生中相当一部分时间，把这些看作是自己生活的一部分，理所当然地去接受。

有时候，我们需要对环境和条件作出反抗。

我下定决心要尽快地从那个劳动的现场“毕业”。

如果被惰性束缚住的话，人生是无法逆转的！

苦难和考验的渣滓

曾经有一段时间因公司经营很困难，我甚至连支付交通费的能力都没有。

因为没有钱，所以中午基本不吃饭。

那天晚上，我好不容易排出了干燥的大便。

只是一些没有任何营养成分的粪便渣滓。

毫无预告从天降临的苦难和考验，可以成为帮助我们清除体内渣滓、只留精华的珍贵经历。

它会让我们重新确定价值观，发现愿意帮助我们的人，学习爱他们的方法。

新打的水井，一开始喷出的也是脏水。

在考验中，当我们的人格渣滓喷发出来的时候，能看清自己本来的面目。

海伦·凯勒曾经说：“我的人生中没有一天是不幸福的。”

与此相反，拿破仑则说：“我的人生中只有六天是幸福的。”

每个人接受考验的方式是不尽相同的。

韩国第一位盲人博士姜永祐曾经说过：“大部分人在遇到考验的时候会失去希望。不要执着于现在，不要因为不想失去现在的某一件东西，而失去剩下的九十九件。”

我们应该把考验和逆境转变成机遇。

三个首都

《唤醒清晨》的作者、互助组共同体的创建者金镇洪先生，早前曾经住在位于清溪川的板房村，妻子觉得很辛苦，对他抱怨“我们为什么要过这样的日子”，他对妻子说了下面的话：

“首尔并不只是一座城市，它是由三个城市‘组成’的都市。第一个就是位高权重的人和财阀、外国人生活的首尔特别市；第二个是教授、老师、公务员、商人等生活的首尔普通市；第三个就是我们生活的板房村，这里是首尔下等市。但是，首尔下等市现在还没有市长，所以我们要出马参选首尔下等市的市长。如果我当选了首尔下等市的市长，你就是市长夫人，就变成了别人口中的‘夫人’了！”

你现在很贫穷吗？

那么，问一问自己吧：

“我因贫穷而学到的人生智慧是什么呢？”

全都扔掉

你必须要成为主体才行。放弃、失望、挫折、厌恶、不信任等，是不会主动从你身边离开的。

把它们变成你冬天里储存的肥料吧。

那么，春天一定会到来的。

经历过苦难的人

当苦难和失败找上门的时候，谁都想能够尽快摆脱它们。但是，它们有时候会像水蛭一样缠着我们不放。我们有时候会被暂时的挫折捆住手脚，无法摆脱。而这个时候恰恰就是我们能够学习到一些东西的时间。

苦难会改变我们原本想要扔掉的那些不好的性格，为我们创造出希望。苦难会成为我们在矛盾中学习洞察力的经历，会让我们区分出那些在日常生活中不能依赖的东西。

失败会让我们对成功产生全新的看法，让我们培养起能够看到机会，而不是只看到阻碍的视角。

约翰·格里森姆为了发表第一部作品，敲了26家出版社的大门。虽然他的第一部小说《杀戮时刻》登上畅销榜花费了整整一年的时间，但是停留在畅销榜的时间却长达100周。

只有经历过苦难的人，才能引导他人脱离苦难。

那些想要从我身边赶走的东西！

我人生的一部分

他是1932年出生于美国新泽西州的一名私生子。

虽然被密歇根州的一对夫妇收养，但5岁的时候养母就去世了，养父也离家出走了，所以他在奶奶的照看下长大。

他在拖车和小型公寓中度过了并不幸福的童年时光。

他从12岁的时候开始要在餐厅里工作一整天，15岁的时候从高中退学。

他的人生中没有任何能够被称为成功的东西。

但是，戴夫·托马斯并没有因此而一蹶不振，反而成了在全世界拥有1万家连锁店的云狄斯汉堡的创始人。

我们不能因心脏患病了就扔掉不要。

我们不能因为胳膊疼痛就截掉胳膊。

就像心脏和胳膊是我们身体的一部分一样，痛苦、担忧、绝望、失败也是我们人生的一部分。

价 值 标 准

在小学的美术课上，老师给孩子们出了一个课题，让他们“不看实物，把100元人民币的纸币画出来”。

家境比较贫穷的孩子们画出来的100元人民币要比家庭富裕的孩子们画的大一些。因为虽然同样都是100元人民币，但他们所感受到的价值是不一样的。

经历过苦难的人感觉到的苦难的价值，要比别人感受得更大。

遭遇过诈骗的企业家们感受到的信用价值，要比别人感受到的更大。

歌手朴康成于1982年凭借《玩具士兵》出道，人气下降之后他陷入了矛盾之中。

“我觉得自己沦为了三流歌手，整个人生好像也变成了三流人生一样。”

就像他所说的那样，通过生活中的痛苦，他开始思考人生的价值，并迎来了思想的变化。每一天都很新颖，不管多么小的舞台，对他来说都非常珍贵，让他赌上性命，竭尽全力去完成。可能是他的真心得到了认可，人气也开始慢慢回升。

他曾经说过这样的一段话：

“只追求人气的时候，我太着急了。摆脱了固执和贪欲之后，自己才变得自由起来。虽然以前的目的是千方百计提升人气，但现在却只想为大家唱歌。”

你的价值标准是什么？

与其听别人对自己说“请下去吧”，不如听“请上来吧”更好。

活着的理由

电视里讲述了一个失去丈夫、独自抚养7岁儿子的女人的故事。前来采访的记者问她，生活如此艰辛，为什么不考虑去找其他的工作。

“因为儿子，目前没办法去找其他的工作。因为儿子现在还太小了，经常吵着找妈妈，所以没办法找那些可以正常发工资的工作。所以生活就一直很艰难……”

那么，如果把儿子从她身边带走的话，她的生活会好起来吗？

然而，让她的生活变得艰辛的那个7岁的儿子，正是让她能够继续活下去的理由。

大家可以回头看一看，现在正束缚住自己手脚的痛苦、困难、矛盾等，是不是让自己活下去的理由呢。

欲望的箭头

当心里的欲望涌上来的时候，我们应该躲开呢，还是应该正面迎战呢？

诗人威廉·欧内斯特·亨利曾经说过：

“我是我命运的主人，我是我灵魂的船长。”

也就是说虽然生死不能由自己决定，但是控制自己思想的绝对特权，还是牢牢掌握在自己的手里。如果认为自己是个穷人的话，就只能贫穷地生活；如果认为自己是个大富翁，那么财富也会慢慢来到自己面前。

即使面对自己无法操控的状况，也不要感受到挫折，更不要放弃。

只要自己不设置界限，就没有克服不了的困难。

鲜鱼店VS华夫店

这还是我摆地摊卖糖饼的时候发生的事情。

附近有一位卖鱼的大妈，每天能卖出4000元人民币的鲜鱼。有一天，一直在家里游手好闲的丈夫喝了点儿酒来到市场，开始耍酒疯。

“你的摊位前面为什么没多少顾客啊？你看看人家华夫店，孩子们都排了好长的队呢！”

在华夫店的前面，孩子们已经排了很长的队了。但是，由于华夫的单价是3元，所以即使一整天都有顾客，销售额充其量也只有1000元而已。而且把客人聚集的时间和空闲的时间分开来计算，有时候一天的销售额仅勉强超过500元。

那个男人又开始大喊大叫起来：

“如果想做生意的话，就应该做那种顾客盈门的生意啊。知道了吗！”

看到他的那副嘴脸，我开始反省自己是不是也为了追求急功近利而作出了愚蠢的判断。

人生就是这样，有时候在谷底学到的东西，要比在顶峰学到的多得多。

拳击场和人生的差异

经典大逆转的神话，洪秀焕选手的故事。

“我曾经认为拳击场就是人生的缩小版。但是，在经历了一系列的困难之后，我突然发现人生比拳击场更可怕。在拳击场上，如果被对手打得摇摇晃晃站不稳，会有裁判出来阻止，但如果在人生道路上遭受重创的话，就会觉得自己快要死掉一样。”

有一天晚上10点左右，我吃完晚饭，下了地铁正等公交车的时候，突然失去意识晕了过去。公交车站旁边就是大学附属医院。当时正好下起了小雨，雨水打在我的脸上，于是我慢慢地恢复了意识，在我恢复意识之前，没有一个人过来帮我。我就这样晕倒在了大学医院的门口，而且公交车站里有很多人……

在拳击比赛中，如果你被重拳击中失去了意识，起码还有教练扔给你一条毛巾，或者裁判员过来叫停比赛。

但是在人生道路上，你却是彻彻底底的独自一人。不管有多少亲密的人，在最后的瞬间，都需要你一个人来独自面对。要相信别人，但不要抱有太大的期待。因为期望越大，失望越大。

绝望+失败+希望=成功

因为字迹潦草，喜欢空想，所以说她是一位很不称职的秘书，结果又被辞退了。虽然在担任英语教师的时候结了婚，但短短3年后就离了婚，依靠社会保障局每周发的70英镑与女儿一起生活。因为没有牛奶，只能在牛奶瓶里倒入白开水来喂女儿。虽然过着如此艰辛的生活，她依然没有放弃写作。因为无法支付复印费，她只能用老式打字机，把8万多字的原稿打印了两遍。

《哈利·波特》最终让J.K.罗琳成了英国顶级的女富翁。

如果想要到达成功的顶峰，就要经历绝望和失败，并且不能失去希望。

1
2
绝望
失败
希望
成功

矛盾的解决办法

真希望在因矛盾而每天爆发战争的内心，挥一挥旗帜。

《失败的力量》一书的作者查尔斯·C.曼兹（Charles C. Manz）建议大家在遇到矛盾的时候，可以通过下面的自我反问来解决。

“我想要的是正确呢，还是幸福呢？”

需要为“正确”斗争的时候，一定要百折不挠、放手去斗争。

但是，一定要选择可以让所有人获益的方向，选择让自己幸福的方向，然后竭尽全力去努力。

漫画家李贤世凭借《恐怖的外人俱乐部》创造了韩国漫画历史上前所未有的新纪录。他变得有名之后，竟然有人要以一栋房子的价格来购买他曾经被出版社拒之门外的习作。但是，他的妻子对他说，如果继续保存这些习作的话，还会有更多的诱惑找上门来，于是他听了妻子的忠告，把习作都烧掉了。

“我不希望不带任何目的画出来的漫画作品，因为金钱而发表于世。”

李贤世，他选择了变得幸福的方向。

最后的成功

在一次采访中，记者对后来重新开始获得人气的歌手金仁顺说道：

“您现在终于浮出水面了啊！”

听了记者的话之后，金仁顺说：“其实并不是我浮出水面了，而是水面重新下降了。”

如果自己没有做出任何努力，而人气又重新回来，这时“重新浮出水面”的表达是正确的。但是，对于丝毫不留恋人气，不管什么时候都竭尽全力的人来说，粉丝们是会主动找上门的。

我从来没有失败过。

林肯在参议员选举中落败之后，曾经说过这样的话：

“我走过的道路，任何时候都艰险无比且很湿滑。所以，我经常会摔倒在道路两侧。但是，我很快就会振作精神，并且对自己说‘只不过是路有些湿滑而已，我现在还没有到悬崖边上’。”

我从来没有失败过。

松下幸之助曾经说过这样的话：

“任何人都会失败，没有一个人没经历过失败。但是，如果我觉得自己失败了的话，就会反省到底是哪里出错了。失败就是反省和改善的过程。很多人觉得失败了，觉得不可能，就会中途放弃。那么，这个时候他就真的失败了。我失败之后并没有放弃，而是不停地进行反省和改善，最终走向成功。因此，我才会说自己从来没有失败过。”

我在最后会取得成功！

天生我材必有用

上图中的两棵树，你觉得哪一棵更好呢?

如果以目前的知识来进行分析的话，树干笔直的那棵树根基非常稳固，而且笔直粗壮，所以是很好的木材。然而，当下的世界是一个强调创意的多彩世界，所以比起那些用作板材或者建筑材料的笔直树木，充满个性的、弯弯曲曲的观赏用树木，价格变得更昂贵，显得更有价值了。

树木的存在理由并不仅仅是为了被人们所利用。虽然站在人类的立场上来看，树木是有用的木材；但站在树木的立场上来看，它们没用的理由反而保护了它们的生命。

在挑选好的树木时，应该从多个角度来进行取舍。绝对不能只用自己脑海中的固定观念来对待所有的事物。

天生我材必有用。

第三章

3

机会只青睐有准备的人，去说服世界吧

态度：方向错了，就失败了

没有走过的路

走一条没有走过的道路，需要了不起的勇气。

这需要多看、多听、多体验才行。

把自己的想法转变为真实的行动，然后转化为现实中的商品，并不是每个人都能够做到的事情。

难道真的存在赚大钱的特别知识吗？

首先，在别人没有走过的道路上迈出勇敢的第一步吧。

问题：什么时候使用下图中的物品？

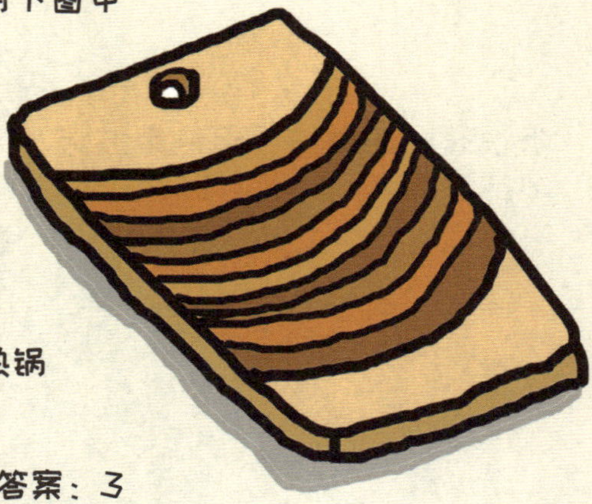

1.洗衣服的时候

2.演奏乐器的时候

3.放在餐桌上面，垫热锅

……正确答案：3

始终如一的正直信念

这是我为大家讲解打破固定观念时使用过的物品。

随着时代的变化，被洗衣机所取代、几乎变成无用之物的搓衣板，被某人做成了比手掌大一点的锅垫。这就是重新解构我们身边常见的物品，赋予全新生命的很好例子。

物品的用途是可以根据环境和状况发生改变的。

乐天集团的辛格浩会长，与日本的一位国税厅厅长私交甚好。

有一天，辛格浩会长拜访了这位税务官，亲眼见到他的夫人正用搓衣板洗衣服的场面。看到此情此景辛会长有些不好意思，而且觉得两个人非常亲近，所以就没多想给他们寄了一台洗衣机。

但是，国税厅厅长却找来辛会长，很严肃地对他说：

“你跟我是数十年的老朋友了，所以我以为你已经很了解我了，但是没想到我想错了。虽然你现在是一个大富豪，不仅家财万贯，手下也有很多职员，过着富裕的生活。但是，我对自己现在的生活也很满足。虽然房子很小，没有洗衣机，需要用搓衣板洗衣服，但我却依然是备受所有国民尊敬的人。我之所以能够理直气壮地接受大家的尊敬，就是因为我从来没有做过任何良心上过不去的事情。我虽然没有钱，但是这一生却过得清清白白，成了国民想要效仿的人。”

真希望即使时代变了、世界改变了，也依然存在因始终如一的正直信念而备受尊敬的领导人。

学会灵活变通

护士一边叫醒好不容易入睡的失眠症患者，一边对他说：“喂，醒醒吧！你都三天没睡了，到了该吃安眠药的时间了！”

在国外，有一个人把文件当作信件邮寄给了对方。

但是文件没被接收，信件被退回来后，他发现上面写着这样的一句话：

“因规定变更，非挂号信不予受理。希望阁下谅解，重新进行邮寄。”

你的工作方式是怎样的呢？
是不是只做领导安排的事情，只根据规定做事呢？

不管是什么组织，都存在很多没能灵活处理自己所负责的工作的人。

创意并不是只靠嘴巴来实现的。
摆脱固定观念，付诸实践吧。

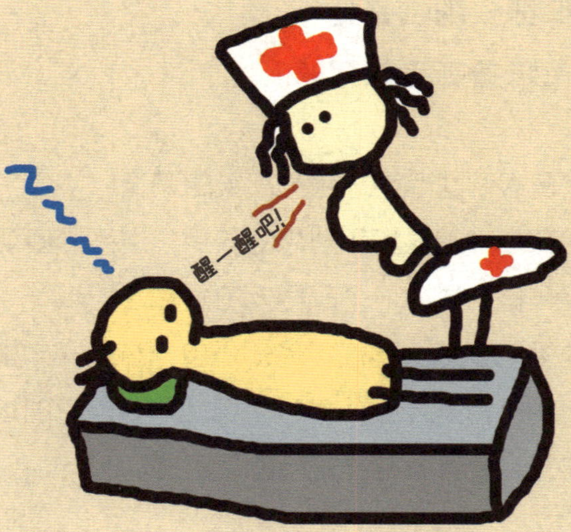
醒一醒吧!

正直的蜘蛛网

不要像吐蜘蛛丝一样说谎！
信用就像细长的蜘蛛丝，
断了就无法重新连接起来。

爱因斯坦曾经两次收到以色列总统的邀请。

因为他拥有高尚的人格和理想的政治、道德价值观。

爱因斯坦具备了成为一个领导人的条件。

但是，他拒绝了那个提议。他知道自己在现实中能够做到的事情和做不到的事情是什么，他认为更加需要自己的地方才是自己应该待的地方，他有着这样正直的使命感。

当记者问时任三星集团的李健熙会长，最讨厌的员工是什么类型的时候，他是这样回答的：

“当然是说谎、找借口、不承认自己的错误、拖后腿的员工。这就是我最讨厌的人物类型。如果想成为一名成功的职员，这四个禁忌中的任何一个都不能沾。”

谎言捆绑的并不是别人，最终会把自己捆绑得结结实实。

眼前的面包

两个儿子还小的时候，我曾经带他们去过动物园。大儿子延昊看到那么大块头的熊为了得到面包，冲着游客不停拍手的场面后，不解地问道：

“爸爸，为什么块头那么大的熊，为一块面包而做出搞笑的举动来取悦游客呢？真是掉身价。”

听完这句话，我一下子就想起了新兵们在训练所里经常对教官说的话：

“教官，如果能给我面包的话，不管什么命令我都会去执行。”

搞笑的大熊和我们到底有什么不同呢？

《超人》的原著作者中的杰里·西格尔和乔·叔斯特，在拿了130美元的合约金之后，把所有的版权都交给了出版社。放弃如此巨大的成功，全都是因为眼前的面包。

在金钱、权力、名誉面前，
你正在做什么表演呢？

反 省

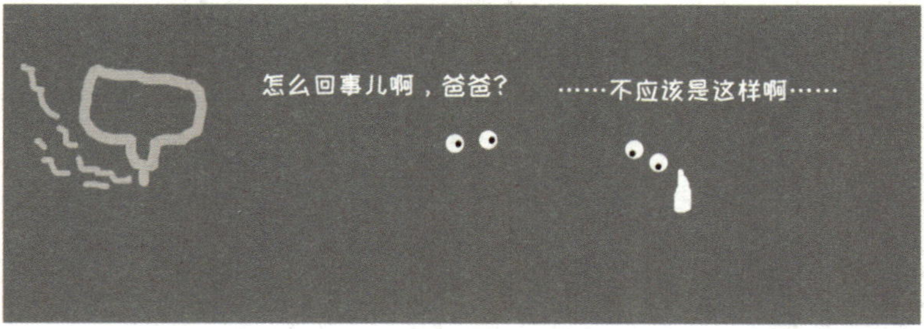

如果说每个人都有自己非常不了解的东西，那么这正是自己。

虽然如此，人们却从不在自己身上找原因，总是把责任推到别人身上，其结果是让自己变得越来越危险。

戴尔计算机公司的内部标语中有这样一句话：

“享受了5秒钟的胜利之后，用5个小时去反省还能把什么做得更好。”

埋怨别人5秒钟后，用5个小时去反省吧。

不知道自己的无知比无知更可怕。

解 除 武 装

我们真的可以不带任何防御措施去面对别人吗?

任何人的相遇，应该是不携带任何武器的相遇。

与上司相见的时候，与同事相见的时候，与交易对象相见的时候，与朋友相见的时候，不要在背后藏着刀去见面。

在急剧变化的现代社会中，人们之所以被孤单所折磨，就是因为人与人之间没有了亲密感，因为秘密越来越多。

美国卡内基·梅隆大学曾经以人生失败的1万人为对象进行了调查。

他们失败的原因中，85%都是不够圆满的人际关系。

现在已经到了与他人相处和谐，也是一种能力的时代了。

不要隐藏，不管你的动机是否单纯，最先看出来的往往是对方。

成功的人生

在以前的工作单位，每当举办足球比赛的时候，我都会非常卖力地在场上奔跑。当然，我只是跟在足球后面跑来跑去而已，连一次好好触球的机会都没有得到过。把球踢进球门，对我来说根本就是一件连想都不敢想的事情。我虽然非常诚实地参加了足球比赛，但是却从来没有品尝过带球过人，然后一脚怒射把球踢进球门的快感。

当时，足球踢得非常好的前辈说过这样的一句话:

“我总是先预判皮球的落点，然后提前跑过去接球。”

围棋高手们经常说这样的话:

“获胜的人，只会把棋子放在获胜的位置；失败的人，只会把棋子放在失败的位置。”

世界上的高手们都说，只有掌握了脉络，成功才会跟着来。

就像是有攻击手就有防守队员一样，现在我和你的位置是非常重要的。

虽然我踢足球从来没有进过球，但是却能够感受到一边流汗一边运动的畅快感，因此只有自己亲身去碰撞，才能够搞清楚什么是重要的，才能够掌握脉络。

虽然你一直努力地想成就一番事业，努力地生活，但也有可能遭遇事业不顺、企业亏损的情况。那个时候，需要把这些当作你的宿命来接受。只要能够通过眼前的事情，感觉到自己人生的意义正在一步步实现就可以了。慢慢地学习，慢慢地找到自己的脉络。这就是所谓的成功人生。

顾客的快乐

下班回到家里，大儿子延昊好像翘首以盼好久的样子，见到我立即向我发问：

“爸爸！不能问陌生人一个月的工资是多少吗？”

“当然了！这样做是不可以的，是一种很失礼的做法。”

“为什么不行呢？你不是说如果有好奇的问题就要问吗？”

“……”

衣恋集团的朴圣秀会长说，年幼的子女曾经问过他这样的问题：

“爸爸！请您教教我们可以赚很多钱的方法吧。”

“很简单啊，你们要是搞清楚了应该会失望……”

“那我们也要您教我们。”

“你拿了6元人民币去买东西，如果你感受到的满足感是12元的话，会做出什么行动啊？”

“肯定会到处炫耀，宣传啊。”

“这就是你们要的答案。不要想着赚钱，如果能够为了顾客的快乐去行动的话，钱自然而然就赚到了，事业自然而然就不断扩大了。”

让客户体验到物品的使用价值远远高于它的价格。

企业只有在满足了顾客的需要时才能够成长。

能力监狱

1970年，经历破产风波后，李成熙在釜山度过了一阵艰难日子。之后他在富川设立米桶制作公司——富新来实现了人生大逆转。1979年成立三友贸易之后，他对自己的妻子说：

“现在，我手里有1000万韩元，如果每年成倍增长的话，10年之后就变成了100多亿韩元。我们现在就来创建一个10年以后资产超过100亿韩元的公司吧。”

“我可以”的精神姿态是，
一种公平地赋予每个人的绝对权利。
不要把能力“当”给生存，
更不要把自己无限的可能性束缚起来。

岁　月

地球的自转速度是每小时1667公里，公转速度是每小时约10.8公里！

虽然地球以非常快的速度运转着，但是我们却一点儿都感觉不到它在移动。

这是因为惯性定律的存在。

如果在生活中感受不到时间是多么珍贵的礼物的话，说明你已经被惯性所淹没了。

无法感受到珍贵东西的宝贵，那是因为那个东西像水和空气一样司空见惯。

让我们抽出一些时间，认真回望、思考一下什么才是真正宝贵的东西吧。

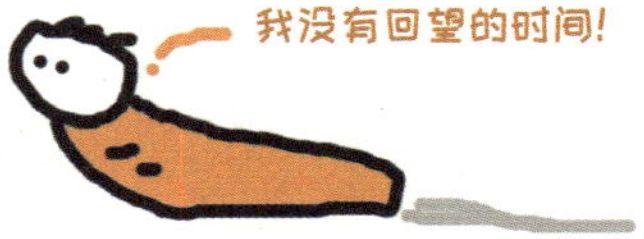

退场准备

洪城社的李在哲代表曾经这样形容人生:

“虽然人活着的时候会用出生的日子来纪念，但是不管多么有名的人，死后都是用死去的那一天作为纪念。”

没有人把生日当作忌日。

小时候在面粉厂里扛麻袋，干体力劳动的伊夫·蒙当，看到在理发店里通过烫发而获得重生的头发之后明白了。

“对，人也完全可以像头发一样重获新生。只要有像烫发的时候那样滚烫的热量一样的意志就可以。”

他就是从那个时候开始倾尽热情去寻找自己的目标，在经历了各种艰难困苦之后，终于成了顶级歌手。

我们应该在还能呼吸，还活着的时候就慢慢地做退场的准备。

因为我们并不知道那一天会在什么时候到来，所以一定要竭尽全力地为自己能够帅气地退场而做准备。

从 容

想要成为
一个从容的人。

脏话自动贩卖机

有的人只要按一下，就会说脏话。
有的人只要按一下，就会谈论有关女人的话题。
有的人只要按一下，就会谈论有关金钱的话题。
有的人只要按一下，就会谈论有关明星的话题。
有的人只要按一下，就会谈论有关运动的话题。

你是一个什么样的自动贩卖机呢？

如果你跟别人一模一样，是不可能改变世界的。

大富翁

这个世界上，有听到儿子比自己更优秀的话之后心情抑郁的父亲吗？

用为人父母的心看待一切吧，小人物是不会牺牲的，只有父母才懂得无私的奉献。

把眼光放长远，向更高处成长，最终会摆脱竞争、嫉妒、猜忌的沼泽。

金钱也是如此。如果非常贫穷，人就会变得非常有生机，即使处于艰苦的生活环境中也会担心起国家和民族的未来。但是，那些拥有中等水平财富的人们，则会变得非常自私，只会考虑自己。**因此，必须要成为更大的富翁。不要成为只知道追求私利的打工仔，要成为懂得牺牲、懂得分享的“大富翁”。**

柳韩洋行的创始人——柳一韩博士的生活本身就是爱国的真实写照。1962年企业首次公开募股的时候，完全可以开出比公开面额高7倍的价格，但他却说：“我让公司上市不是为了赚钱，而是因为公司并不属于我一个人，所以才公开上市。就按照公开面额募股吧。”

此外，在建设第二汉江桥的时候，首尔市以每坪4000韩元的价格购买柳韩洋行名下的土地，公司相关部门的负责人认为完全可以卖到每坪1.2万韩元，所以迟迟没有签字。这时柳一韩会长说：“这是我们以每坪30韩元购入的土地，就算按现在的报价4000韩元每坪，也比原来高了100倍了，你们竟然想卖1.2万韩元每坪，是疯了吗？而且如果是首尔市征地，肯定是国家要用，你们怎么能不卖呢？”然后他非常生气地批评了相关人员。

他把自己所有的财产都返还给了社会，因为他一直都认为国家的利益高于个人的利益。

自由人

谁拥有更大的东西呢?

明明拥有大小相同的东西，为什么要相互羡慕呢?

拥有的东西越多，对失去的恐惧也就越大。

安迪·沃霍尔曾这样形容大众社会的平等性:

“总统喝的可乐和乞丐喝的可乐味道是相同的，都很好喝。并不是因为钱多就可以喝到更好喝的可乐。”

大众社会，不要追求批量生产时代整齐划一的平等。

我们全都是具有个性的人格体。

幸福必须要自己去选择。

人类最后的自由，就是能够在既定的环境中选择自己态度的自由。

你就是一个自由人!

团队精神

小时候在铁轨上走过的人都会明白，在枕木、在石子、在铁轨上行走这三种情况中，在铁轨上行走是最难掌握平衡的，甚至想要顺利地走1米都很困难。

但是，听说有一个方法可以让你不会从铁轨上掉下来，并且可以连续走1公里以上。那就是两个人分别站在两条铁轨上面，然后手牵手掌握平衡之后一起朝前走。

沃尔沃汽车的李香林代表曾说：

“独自一个人完美地完成业务的人，和拥有可以帮助自己添补空缺的同事的人，从他们的工作成果看，好像没有什么差别。但是，如果拥有相处融洽的同事，可以在公司中过得更加幸福一些，而且还能保持长期的巨大竞争力。”

在家庭中，在公司里，

摒弃傲慢和自尊，

手牵手一起朝前走的时候，

就会形成完美的团队精神。

专注九段

看到围棋天才李昌镐之后，有人说他是“围棋九段，社会九级”。

李昌镐的小学老师是这样评价他的学生时期的：

“每当看到他盯着窗户外面发呆的时候，我就会想，长大了他会成为什么样的人，想到这里心里就很难受。”

不管大人们多么替他担心，李昌镐还是把所有的精力集中在了发挥自己的优点上。

上小学3年级的时候，他便成了专业棋手，并于1992年拿下世界冠军的头衔。

人类是一种非常软弱的存在，
所以如果只盯住弱点，很难前进。
请忽视那些错误吧，
把精力集中在发挥自己的优点上吧。

意大利指挥家托斯卡尼尼是近视。但他并没有因自己的弱点而一蹶不振。因为近视，他把整个乐谱都背了下来，当机遇来临的时候，作为“消防队员”的他成功地指挥了《阿依达》，从此便成为被广大听众认可的指挥家。

某一年的冬天，一个阿姨问我的大儿子延昊：
“你会滑雪吗？”
延昊犹豫了一会儿回答道：
“我没滑过，所以不知道。”

不要提前对你没有做过的事情心存恐惧。
你能施展才能的舞台，也许在很远的地方。
如果在碰撞、摸索中发现了自己的才能，那就集中精力去努力吧。那么，人生将会变得很愉快。

声音：为邂逅这个世界而准备的武器

价值对象

人总是会与那些跟自己水平差不多的人交往。

如果提升了自身的价值，就能邂逅更好的对象。

正 直

中秋节休假的某个上午，我正跟妻子一起看一档电视猜谜节目，奖品是“泡菜冰箱”。只要在上午10点之前，通过网络提供正确答案就可以了。

我问妻子：

“你很想要那台泡菜冰箱吧？”

妻子充满了渴求的眼神，她是平生第一次回答电视节目给出的问题，于是我与妻子一起进行了网上申请。开始用我的名字，然后再用妻子的名字注册，后来我就不由自主地产生了贪心。既然要参加答题，如果用全家人的名字申请一遍，那样成功的概率就会提高很多吧。于是，我接着用母亲的名字进行了注册。填上答案，点击“确认”键时，电脑显示器上赫然出现了下面的画面。

电影《末路狂花》的女主人公苏珊·萨兰登在接受采访时说道：

“我也许不能像其他女演员一样赚很多钱，但我能够在一定

程度上掌控自己的人生。”

蜥蜴有再生能力。

当处于危机状况中时，蜥蜴会自己把尾巴断掉。

甚至连计算机都知道警告人类不要粘贴。

人类没有再生能力。

因此，在失去比蜥蜴的尾巴更珍贵的感情、情绪之前，必须能够掌控自己才行。

能够摘掉别人的有色眼镜的唯一方法就是：一直正直地行动。

人生的湖泊

伸向我的钓鱼竿……

有时候，会因无法忍受的艰难困苦而受挫，想要放弃。

但因为有你深爱的家人在身边，所以再次获得继续下去的力量和勇气。

我想成为他们的温暖的安乐窝。

……

我想要成为人生的湖泊。

你想要的答案

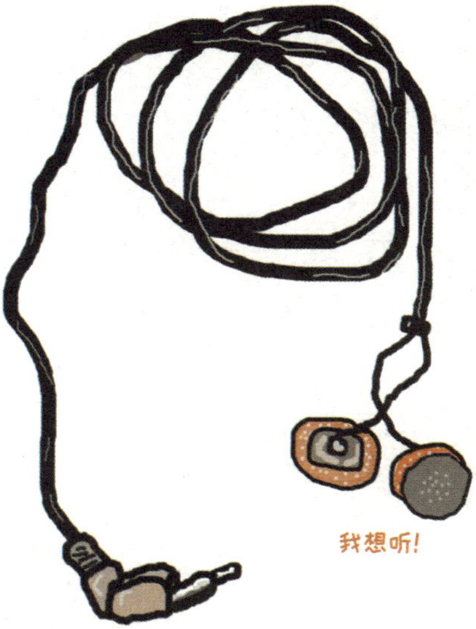

主管向新入职的下属问道："你想要什么样的工作呢？"

下属回答说："我想为贫穷的人们工作。"

这名下属被安排到了最富有的小区工作。

"不对啊，我明明说想要为贫穷的人们工作的啊，为什么要把我分配到富人区里来呢？"

主管笑着回答说：

"只有先了解富人，才能够了解穷人。"

会赚钱的人知道金钱从哪里来。

如果想听到想要的答案，首先要找对地方才行。

时间的量和质

我不戴手表已经十多年了。不知道是不是习惯了，现在只要戴上手表，手腕就会难受。

前不久，为了重新树立时间观念，我又把孩子们放在家里的卡通手表戴在了手上。由于到了夏季，需要穿短袖服，所以手腕上的卡通手表就非常显眼，每次去客户那里开会的时候，大家都会盯着我手腕上的手表。虽然大家都没说话，但是他们的表情全都在说：“堂堂的一个CEO竟然这么幼稚！”

时间也是有量和质之分的。

日本威尔逊学习社（Wilson Learning）的森社长一直戴着儿童玩具手表。他喜欢把玩具手表送给自己喜欢的职员作为礼物。曾经有人问过他这样做的原因。他回答道：

“我想一直保持孩子的感性。我不想像别人那样浪费5分钟，我想一直拥有高质量的5分钟。因为这是我的期望，所以我才一直戴着儿童手表。”

时间是一次性的，但时间就是机会！

帅 哥

能够改变我的人生的帅哥在哪里呢？

难道没有想过，那个帅哥就是你自己吗？

敞开心扉

时事漫画家朴在东在担任徽文高中的美术老师时，给学生们出了下面的考题：

“空白空间就是蓝天。在你的心里画一架飞机吧，然后把飞机的飞行轨迹画出来，这就是今天的考题。”

他曾经把那些“问题儿童”叫到美术教室里，然后一边与他们对视一边为他们画肖像画，他教孩子们**要用敞开的心扉去看待这个世界。**

杰克·韦尔奇曾经说过**人才要优于战略。**

下一代领导人是不会直接从天上掉下来的，他们需要你来培养。

天　赋

任何人都有与生俱来的才能。

积极心理学家马丁·赛里格曼曾说：

“如果智力水平相同，那么人的实际成就不会仅由才能来决定，而是由克服挫败感的能力来决定。”

决定人生成败的不是在学校里后天学习的才能，而是不用学习也会存在于你内心的“可以做到”的积极向上的心态。

如果没有，请你投资时间去培养才能吧。

……救命啊……
……我，讨厌水……
虽然我没有学习
过潜水，
但是只要进入水
里
就
会
一
直
下
沉。
啊!
原来真的存在不
学习也会的事情
啊!

使 命

“我是一个无趣的人。朋友们每次见到我都会说很无聊，都戏弄我。但是，如果一名CEO陷入个人乐趣而无法自拔，就很容易忽视掉可用以展望未来的尖端知识。因为CEO要为职员，甚至是要为国民负责，所以不能把精力放在个人的乐趣上，而应该放在不停地打磨自己上。因为所谓的CEO既是道德一样的存在，也是园丁一样的存在。”

从上面的话中不难看出，担任柳韩金佰利社长时期的文国现先生的心态。这就是他成为受人尊敬的CEO的理由。

守门员的使命就是守住球门，而不是参与进球。

守住自己的位置，既是一件重要的事情，也是一件很难做到的事情。

守门员去哪里了?
去踢前锋了!

正确的提问

高中时期，我在学校附近租房住过一阵。

有一次，我把朋友叫到家里，给他们煮了海带汤。我把看上去还不够一个人吃的5人份海带全都倒进锅里，然后点上煤气等着海带汤煮好。过了几分钟，海带全都泡开了，最后我用三个锅才把它们煮好。记得一连好几天我都得喝那几锅海带汤。

我努力地煮一锅好喝的海带汤，但奇怪的是不像妈妈煮的那样，根本就看不见漂在水面上的油花。我动用了能够想到的所有方法，但是始终看不到油花。朋友们都嚷嚷着肚子饿了。于是我采取了最后的方法——在海带汤里倒入了食用油。这才看上去像是一锅漂着油花的好喝的海带汤。

所有错误的事情都是有原因的。煮海带汤的时候，需要先用香油把海带炒一炒。不放油却期望出现油花，就等同于不努力却期望幸运降临。

电影《老男孩》中，刘智泰曾经对崔民植说：

“如果总是提出错误的问题，是不可能听到正确答案的。你不应该问‘为什么要囚禁我？’而应该问‘为什么关了我15年之后才放出来’才对。”

如果想要听到自己期望的答案，就必须要提出正确的问题才行。

目　标

如果目标不同，觉悟、行动、准备也会大相径庭。

八高魅力公司的创始人朴炯美，曾在花津化妆品公司工作。

有一次，她给员工们进行有关目标达成的培训时，向下面的员工们问道：

“谁能把两套单价为1万人民币的化妆品卖给陌生人？”

听完她的话，没有一个人举手。

于是，朴副会长继续说道：

“那么，如果谁能把两套化妆品卖给陌生人，我就送给他一栋房子。好了，现在觉得自己能卖出去的人请举手吧。”

这一次，听她讲课的所有人都高高举起了手。

明明是相同的化妆品，为什么突然产生能把它们卖出去的自信呢?

因为，员工们的目标变得明确了。

目标可以让不可能的事情变得可能。

如果把目标定得很宏大，行动也会随之发生变化。

而且，整个人生也会跟着发生改变。

没有一个人想要过贫穷的生活。

只是我们的意志和无能选择了贫穷而已。

语言料理

语言和做料理很像。

如果按顺序把食材依次放入锅里，掌握好火候，就能做出最美味的料理。

如果改变顺序，做出来的味道会不一样。

对人有益的话语，像棉花一样温暖；而对人有害的话语，却像荆棘一样尖锐。

有时一句话可以拥有千金的价值，而伤人的一句话，会像尖刀一样刺穿听者的心脏。

心灵和舌头，是密不可分的关系。

心灵支配着舌头。

任何人都通过嘴巴来表达自己的内心。

智者懂得如何正确地掌控自己的舌头。

不要成为只顾眼前的一件事情、
话语中没有任何深度的愚蠢的人；
要成为开口前懂得三思、懂得纵观全局、
懂得慎重说话的、充满智慧的人。

脏话词典

作家肖洛姆·阿莱赫姆在小时候，每天都能听到继母辱骂自己的脏话。备受折磨的他不知道从哪一天开始，在睡觉前把当天听到的“脏话”全都记录下来。后来，他按照字母顺序，把记录下来的脏话整理、编写成了一部词典。这本名为“继母的词汇”的脏话词典，对他以后的写作带来了很大的帮助。

阿莱赫姆把恶劣、不利的环境转变为有利的条件。

但是，大部分人会因别人指责的话语而受到伤害。

不要再使用消极否定的话语，请使用积极向上的话语吧。

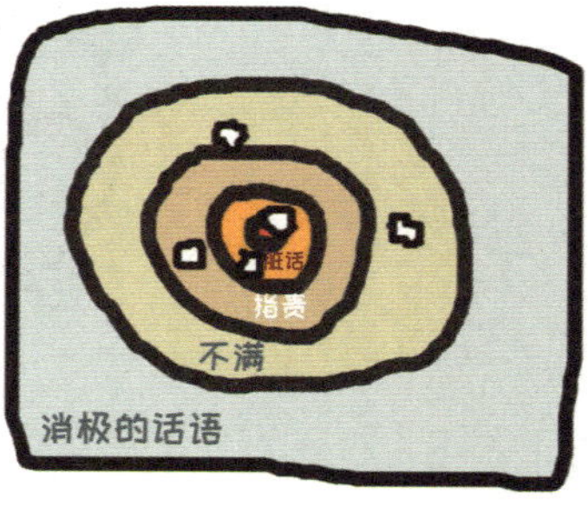

翻越障碍物

每个人都背负着与自己所追求的梦想同样大小的障碍物。到底能否实现自己的梦想，取决于你自己是如何看待障碍物的。如果希望取得成功，就要接受自己面临的逆境和失败，把这些变成日常生活的一部分。

如果畏惧失败，是不可能前进的。

上下班，成功者和失败者

上下班时间，是扮演作为公司员工的自己和作为普通人的自己这两种角色的互换时刻。

上班的路上，你睡觉了吗？
下班的时候，你睡觉了吗？
回到家里，你还要睡觉吗？
那么，你到底什么时候是醒着的呢？

带着同样的梦想和信念出发的两个人，为什么会被分为成功者和失败者呢，你认真思考过这个问题吗？

不要一味地哀叹“我为什么这么倒霉？”请回望一下自己的日常生活吧。

第四章

4

没有实践，就没有变化

变身：请回望一下，
真正珍贵的东西到底是什么

你看到了什么呢？

观照自己的价值

微软在创立5周年之前从来没有改变过自己的运营体系。但是，在决定和IBM共同开发个人计算机经营体系后，比尔·盖茨花5万美元引进了西雅图计算机公司开发的Q-DOS系统。然后，他根据IBM的要求进行变形和加工，并起了一个新的名字——“MS-DOS”。

结果取得了巨大的成功。

比尔·盖茨参考别人的东西，开发出了属于自己的东西。但是，有些人并不知道自己所拥有的“自己的价值”。

别人不曾拥有、只有你具备独特的价值是什么呢？

“准备”健康

为了健康，我服用各种药品！
健康需要尚且健康时候的准备。

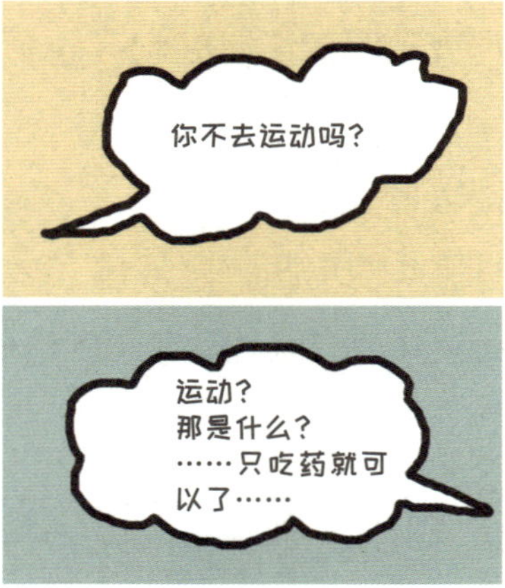

丢弃也是一种能力

花牌游戏中，也有丢弃牌的顺序！

在玩花牌的时候，一定要知道最重要的是什么，以及优先顺序是什么。

只有那样，才能很好地丢弃手里的烂牌。

丢弃也是一种能力。

甘地曾经说过：要丢掉固执，丢掉权力，丢掉既得权。因为作为一个领导者，如果执着于权力、特权和钱财，就很难维持一个领导者应有的高尚的道德水平。

现在该轮到你丢弃了。

人生的领路人

开车的时候，我们会通过各种指示牌来寻找自己应该走的方向，能够顺利地到达目的地。因此，有时候也会想：在漫漫人生路上，有一个像交通指示牌一样引导我们走向正确方向的人就好了。然后会开始抱怨：“为什么我没能遇到那样的贵人呢？”

请回望一下过去自己所遇到的那些人，以及正在交往的那些人吧。思考一下他们是不是自己的领路人，是不是自己的人生导师。

我们的人生路上，并不是没有领路人和指示牌。只不过我们没有看到而已。

心灵之眼

盲人最大的愿望就是能够看一看这个世界。

有些盲人，可以通过手术重见光明。

我一边在前辈送来的眼球捐赠同意书上签字，一边思考“通过他人的眼睛看世界”的问题。

“如果更换了眼睛，所看到的世界也会发生改变吗？”

其实，问题在于心灵之眼。

真相的倒立

直立时候的意识，在倒立的瞬间会发生翻转。如果用倒立时的意识看待事物，原本很大的东西就会变小，原本很小的东西就会变大。

意识的倒立，也可以通过训练来实现。

如果对变成富翁的方法很感兴趣，可以研究一下变得贫穷的方法。

如果想知道自己有哪些不足的话，需要先了解一下自己拥有什么。

所谓的选择，就是抛弃和取舍。

从很久以前开始，人们为了发明出能够在海面上起降的飞机而不停努力。大部分人的想法都是在船上安装机翼，可是他们发明出来的船只没能飞上蓝天。但是，欧内斯特·斯托特进行了常识的倒立，他说：

“不要在船上安装机翼，要让飞机漂在水面上。”

约翰·贝克特曾说：“人的本性使然，人们会趋向一个方向，所以最终会撞墙。”

所谓的智慧，就是在看到那面墙靠近的时候进行调节，让我们的生活能够及时掌握好平衡。

不要用扭曲的视线看待这世界，请倒立吧，那么你将会看到隐藏着的真相。

像分身一样的Follower

第二代韩裔美国人，皮特·金于20世纪70年代出生于美国。因20世纪80年代的服装行业不景气，他的父母面临着破产的危机，于是他从父母手中把公司接了过来。他把原先以西装为中心的产品，改变成以休闲为主的、结合东方嘻哈时尚元素的新产品。此外，他还引入不同属相的动物图案，重新设计12个属相动物，并在衣服上贴上了说明书。

要成为“时尚界的李小龙”的皮特·金，后来又生产出名为“Drunkn Munky”的品牌。在他的管理下，曾经濒临倒闭的公司创下了年销售额高达290万人民币的奇迹，员工也增至80多人。

他办公室的墙上贴着这样一句话：

“要么主动出击，要么跟着走，要么滚蛋。”

没有绝对服从过别人的人，绝对不可能绝对支配别人。

为了成为能够领导别人的领导者，首先需要学习侍奉别人的方法。

好的CEO就是好的Follower。

想拥有像分身一样听从指挥的Follower， 就要率先示范！

围观成功的人

几年前，我在外地出差时去过一个没有窗户的理发店。虽然门口就有很多空位子，但是一位40多岁的女人还是把我领到了最里面的角落里。正当我觉得有些奇怪的时候，她给我围上一块布，开始理发了。理发完毕、刮胡子的时候，一切都还算正常，但是她的行动突然变得有些奇怪。

“哎呀，你在做什么啊？”

我匆匆忙忙地洗头，然后跑出了那家理发店，并且平生第一次支付了巨额的理发费。我想要是再晚一点儿就出大事儿了。

回到家里，妻子对我说：

“头发剪得很不错啊，你以后就去那个理发店剪头发吧！”

从那以后，我一直只去男性专用理发店剪头发。

蓝色俱乐部的郑海珍会长，有一天突然想到：“男人为什么要去女性美容室呢？”

如果去理发店，会有损形象；如果去女性美容室也很不方便。于是他想到应该开男人专用美容室。于是，1998年韩国国内第一家男性专用美容室——蓝色俱乐部诞生了。

爆炸头

波浪形

21世纪的关键词是创意力。

虽然所有人都能感受到、看到、听到各种不方便，但愿意对其进行改善，并把它发展成事业的却寥寥无几。其结果是，我们就只能围观他们成功的神话。

在什么都没有的地方，是不会涌出好点子的！

天使发型

真正的领袖

庄子曾经说："井蛙不可以语于海者，拘于虚也；夏虫不可以语于冰者，笃于时也；曲士不可以语于道者，束于教也。"

就是说，对井里的蛙不可与它谈论关于海的事情，是由于它的眼界受着狭小居处的局限；对夏天生死的虫子不可与它谈论关于冰雪的事情，是由于它的眼界受着时令的制约；对见识浅陋的人不可与他谈论关于大道理的问题，是由于他的眼界受着所受教育的束缚。因此，我们不能成为被自己的思想所禁锢的人。

当时，成吉思汗率领的部落是一个完全开放的部落。

他们把外地人看作给他们带来信息的人，所以给予热情的款待。

见到外地人，他们不会先说"你好"，而是问"你们的地方都有什么？"来代替打招呼。

领导者并不是统治者，而是真正的领袖。

成吉思汗不希望大家叫他大汗，而是让大家叫他的名字，他并没有承认自己的既得权。

我们的社会应该成为领导层和人民相互信赖的开放型社会。

为了培养开放型的思考方式，首先要做的不是让其他人理解你的意见，而是先去理解其他人的意见。

要营造出可以自由地讲述自己感受的氛围才行。

当认可了与他人的差异时，
差异会变成快乐，向你靠近。

人有两种：
一种是思想开放的人，
一种是思想封闭的人。

痛苦的大小

20世纪80年代，韩国政府颁布了禁止课外辅导的法令。在相关企业一片哀号时，熊津集团的尹锡金会长却认为“危机就是机会”，然后开始思考怎么抓住眼前的机遇。

他认为像老师直接教学生一样，通过提前录好音的磁带来进行学习，效果肯定不差。于是，他邀请全国各地的知名教师，开发出了“海姆高中学习磁带”，并取得了巨大的成功。

考虑到亚洲金融危机时变得困难的韩国国内环境，他还依靠净水器出租业务扩大了业务领域，展现出了思想转换的强大力量。

所有人都会陷入困境。
大家都认为自己遇到的困难，
才是最大的痛苦。

品 德

高中二年级的时候，品德课之前的课间休息时间，同学们忙着抄写前一天老师布置的作业：

作业：“与父母商量，写出家训”

当时我在学校附近自己租房子住，所以没办法与住在乡下的父母商量。朋友们要么自己编写了正直、诚实、勤俭节约等家训，要么从各种家训中挑选了自己喜欢的句子写在了笔记本上。

我原本也想随便抄一段算是交差，但这不是其他科目，而是品德课，所以有些过意不去。我在内心苦恼：“我们学习品德的目的，到底是什么呢？”

那天，我是67名学生中唯一没有交作业的，所以接受了一个小时的惩罚。

后来，妻子对我说：

“你这个人为什么那么死心眼呢？”

因为，那样的生活方式，
就是我的生活方法。

共　享

在人行横道上等红灯的时候，我无意间听到两位母亲和两个女学生的对话。

母亲们关心怎样才能把孩子们送到更好的学区，而两个女学生则在谈论“中学最重要的还是要有一身漂亮的校服”，于是她们认真严肃地讨论哪所中学的校服更漂亮。母亲和孩子们的观点是如此不同。

天气变冷，鸡就会飞到树上去，而鸭子则会潜入水里去。

即使在相同的气温下，它们躲避寒冷的方法也不尽相同。

公司制定新目标后，职员们完成目标的方法也是各不相同的。

条条大路通罗马，如果CEO固执己见，只纠结于一种方法，有可能根本就无法完成既定目标。

人们有一种倾向，那就是除了自己的想法，除了在隐秘的自我中形成的思想之外，不想跟随任何其他人的趋向。因此，在确定清晰的目标之后，必须为大家营造出一个可以相互认可、相互包容的氛围才行。

降低自己的篱笆，与其他人交流的时候，相互共享的面积才会变大。

轻便而简洁

福特汽车的老总与来自韩国的CEO面谈的时候，曾经说过这样的话：

“韩国的CEO们出差的时候，为什么会有那么多的随行人员呢？难道他们不能自己开车，不能自己用英语对话，不能自己整理文件吗？”

想要成为CEO吗？那么，首先把黏在你身上的东西扔掉吧。

执行：行动会治疗内心深处的恐惧

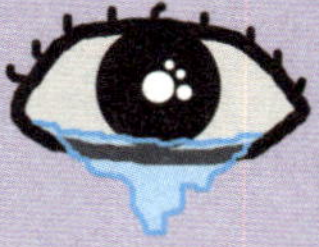

让你心痛的话语

上中学的时候，大平光代经历过自杀未遂、离家出走，做过飞车族、黑帮头目的妻子、酒吧服务员等。

有一天，她从父亲的朋友那里听到了这样的话：

“你走错了路，并不是你一个人的错。但是，对你自己放任不管，让你自己无法重新站起来，很明显是你自己的错！”

大平光代接受了这个叔叔的忠告，在接下来的7年时间里，她拼命地学习，最终在律师考试中合格。之后，她成了一名给问题少年提供法律援助的专业律师，引导青少年走上正确的人生道路。

不要和给你忠告的人吵架。

成为一名敞开心扉、接受忠告的人吧。

不接受忠告，也是一种傲慢。

如果觉得指责的话语让你心痛，那是因为那些话是正确的。

成功的条件

“爸爸，今天上课的时候，我制定了我们家的家训！”

“是吗！你写的什么啊？”

我们家的家训是“先开始再说”。

用英语说就是“just do it”，这是在模仿耐克的口号。

很多人因为害怕失败而犹犹豫豫，不敢行动。

未行动的时候会问：“能够做到……吗？”

在行动的时候会问：“……应该怎么做呢？”

现在，你是不是想要进行新的挑战，却因恐惧而犹犹豫豫呢?

诚然，恐惧是成功路上最大的障碍。

但是，如果不用行动来支持，

是不能取得成功的。

如果你今天的失误不到三次，说明你今天没有进行任何新的挑战。

我的敌人

我的敌人就在我的内心。

所 谓 的 爱

所谓的爱，

就是在我的内心寻找你的样子。

哭吧哭吧不是罪

因为有聚会，所以快到晚上12点的时候我才回到家里。两个儿子已经睡着了，妻子关着灯，一边看电视一边等着我，而且还抹着眼泪。不就是看电视吗，怎么会流这么多眼泪?

“哎呀，你又哭了？”

从某些方面来看，我属于那种眼泪少得可怜的人。但是，妻子却是一个眼泪超多的人。记得刚结婚那阵，我们一起在电影院看过《黄飞鸿》，妻子一边说太悲伤，一边开始流泪。分明是李连杰飞檐走壁、击退敌人的痛快的武打场面，哪来的悲伤呢？妻子跟我不一样，她完全沉浸在电影人物们的感情纠缠中。

她拥有我不具备的东西，我真的很感谢她填补了我的不足。

星期天，一位朋友说他的泪腺干涸了，所以去医院做了检查。听了他的话，我产生了这样的想法：

“啊！原来还有泪腺被堵塞而无法流泪的病啊。”

过了知天命的年纪，眼睛变得干涩，开始使用人工眼泪的时候，我才理解了他的痛苦。

曾经有人给我讲过这样一个故事。

离结婚还有几天时，她未来的婆婆突然去世了。
但是泪腺堵塞的她，根本就哭不出来。
将要成为她婆婆的人去世了，她竟然一滴眼泪都没流，
所以，她因这个原因被退婚了。

想哭的时候能哭出来，
有时候，这也是一件幸福的事情。

明朗的表情

有一天，我早早就去了公司。一位女职员只是简单地跟我打了个招呼，过了一会儿她对我说：

“社长，您身体不舒服吧？”

“嗯？为什么这么说？”

“因为您的脸上写着‘不要跟我搭话’！”

……

有人向林肯总统推荐了一位候选人，说此人适合在内阁工作。

但是，林肯却说：“我不想看到那个人的脸。”

推荐人说：“但是，他那张脸的责任并不在于他自己。”

听完，林肯对他说：

“年过四十之后，要为自己的脸负责。”

结果，那个候选人被淘汰了。

长相丑陋、长满皱纹并不是问题，问题是能不能拥有一张明朗的脸庞。

如果一个人的脸蛋是明朗的，那么他的人生也会同样明朗。

目　标

成吉思汗曾经也是不识字的人。但是，他有一个梦想，并且把自己的梦想和部族共享。

公司的蓝图需要CEO和职员共享才行。

不能根据外在环境的变化而随意改变制定好的蓝图。

所谓的蓝图共享指的是一起确定梦想，一起实现梦想。

思科系统公司的约翰·钱伯斯总裁把整体股票期权的40%分配给职员们，其结果是10%以上的职员成了百万富翁。公司的辞职率低于3%，正是因为职员们都把公司的事情当作自己的事情来做，所以思科系统曾荣登纳斯达克市值总额冠军的宝座。

人生是短暂的，
没有时间把精力浪费在满足目标之外的虚荣心上。
如果确定了目标，
就坚守原则，不停挑战，
一直坚持到实现目标为止。

成功症候群

我曾经向医生们问过："那些成功人士身上，有什么共同的身体症状呢？"

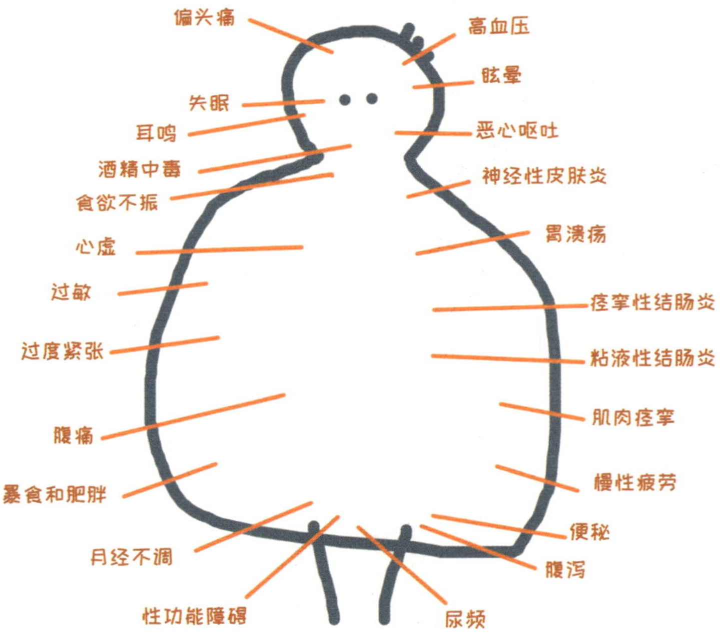

看到这些症状之后，你还想成功吗？

世界上没有免费的午餐。

自我中心的壁垒

啃噬经营者的最可恶的疾病，就是自我中心的壁垒。

无偿提供给你一把锤子，拆掉你自己堆积起来的壁垒吧。现在，请马上动手！

方向比速度更重要

决定方向的权利在我手里。
方向比速度更重要。
只有目标明确了，才不会动摇。

高中时期，作为阿肯色州的学生代表参观白宫的时候，克林顿就像自己是美国青少年组织的总代表那样请求与总统握手。32岁的时候，比尔·克林顿当选为最年轻的州长，并且在1992年成为美国第42任总统。

未来的梦想越明确，现在就会越努力。

蓝图与荒唐的梦想有着本质的区别。
必须要弄清楚生活的理由、目的和使命。

如果想要改变现实，首先要搞清楚自己所追求的是什么。

失败和恐惧

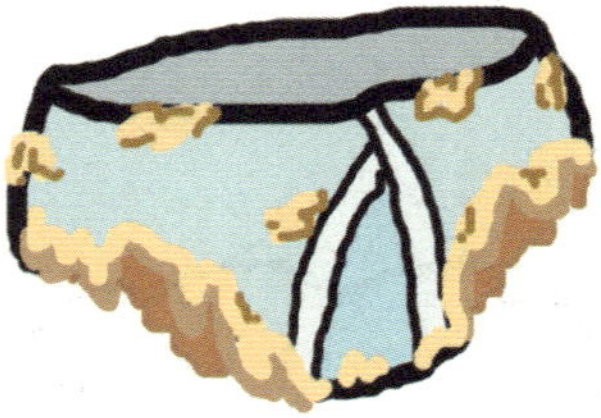

上高中的时候，我下定决心要考入一所好大学，所以在学校附近租房子住宿。

在梅雨绵绵的夏季，有一天我把攒了很久的衣服一次性全洗了，但因连日下雨，所以衣服怎么也不干。于是我陷入了苦恼之中。

“怎样才能让衣服尽快变干呢？”

于是，我把内裤放进了电饭锅里，然后把空的电饭锅内胆放在内裤上边之后，盖上了盖子并摁下了开关。

记得当时我还夸自己是天才，居然能想出这么新奇的点子。

30分钟之后，我拥有了一件像是人猿泰山在丛林里穿过的那件短裤一样破破烂烂的内裤。

大部分优秀的想法，一开始的时候都是一无是处、漏洞百出。

27岁的领带推销员苏菲·摩尔曼，有一天经历了多次丝袜勾丝的情况。虽然这是很常见的事情，但是她在寻找丝袜店的路上浪费了一个多小时，于是她有了一个主意：

“开一家袜子店吧！”

1983年，一家名为“Sock Shop”的袜子专卖店在伦敦开张了，之后卖场很快就扩张到了英国其他城市以及法国、美国等国家，最终成长为全世界最大的袜子专卖店。

不要害怕失败，如果不去尝试，永远不知道结果会怎样。

我的排名

这里有100种排名。

你现在的价值观是什么呢？

请重新评估一下自己的价值标准吧，你是不是把第99位误认为第1位呢？

高尔夫专业球手格雷格·诺曼在即将胜利的比赛中被对手成功逆袭后，明白了很多道理，并说了下面的话：

“失败会让我们改变对人生和他人的看法。妻子对我说：‘老公，说不定输一场比赛要比赢得比赛、穿上那件绿马甲更好。因为你现在明白什么才是更重要的了。’我真的没想到，我会用那样的方式来感动他人，竟然能够用失败来感动人心。”

笑 容

所有问题的解决基础，都在于我是否笑得出来。

看到妻子能露出笑容吗?

看到同事能露出笑容吗?

看到子女能露出笑容吗?

看到朋友能露出笑容吗?

……

能笑出来吗?

韩国笑容研究所的李约瑟夫所长还在其他公司任职的时候，为了帮助癌症患者而开始研究笑容。因为觉得患者可怜而开始的事情，渐渐地让他发现，笑容拥有可以让人恢复生机的力量，所以他觉得首先要让自己笑起来，此后他以自己为对象进行反复实验。他一边听到别人叫他疯子，一边开始连续100天的微笑练习。走在路上的时候练习，在家里练习，在朋友面前练习，在地铁里也练习。

认真努力地笑过之后，笑就变成了一种职业。

为了让人们可以通过笑容来治疗内心的创伤，让人们重新恢复生机，他今天也在大声地笑着。

你明朗的笑容，可以拯救别人。

用刨子刮脸吧!
（帮你把变得越来越厚的脸皮刮掉。）

面具抑郁症

在第二次世界大战后期，杜鲁门被选为美国总统，担任了意想不到的职务后，虽然承受着巨大的压力，但他一点儿都没有流露出疲惫的脸色。有人问他能够做到这一点的秘诀是什么，他回答说："我在自己的心里挖了一个战壕，我也像军人们一样，为了躲避危险、恢复战斗力，偶尔也会躲进那个战壕里。"

当今服务业越来越发达，很多人从事为解决别人的心理问题而压抑自己感情的工作。他们表面上是在微笑，但心里却早已陷入了深深的、低迷的沼泽中，所以他们很容易患上"面具抑郁症"。

我们必须要提升自尊感。
需要懂得暂停的休息。

为自己挖一个战壕吧。
不能让自己的人生变得皱皱巴巴!

每天都让你变得畏畏缩缩的东西是什么呢?

担心和齿轮

并不是因为工作而疲惫，
工作对健康是有好处的。
杀人的不是工作，而是苦恼和担心。

担心犹如齿轮上生出的锈，
让机器报废的不是旋转，而是不停的摩擦。

爱默生曾经说过这样的话：
“人，就是他一整天都在思考的东西本身。”

请不要成为一个个担心的聚合体。

……好疲惫啊……
……好疲惫啊……
……好疲惫啊……
苦恼
不安
不安
担心
苦恼
担心
不安
苦恼

浪费时间

作家安德鲁·马修斯曾经说过下面的话：

“我从来没有见过凌晨起床运动、学习、与人交流、最大限度地去努力，而没有遇上幸运的人。”

如果每天都是不一样的一天，每个月都是不一样的一个月，每一年都是不一样的一年，每十年都是不一样的十年，那么取得的结果理所当然也是不一样的吧。

你把昨天浪费了吗，今天也浪费了吗？
但是绝对不要失望，
因为，明天还没有浪费掉。

赌上自己的一切，你觉得还能过上多少年呢？

第五章

5

你是特别的存在

心灵：改变话语，
就能改变思想，
也能改变世界

调查库存

你所欠缺的是什么呢？

在你心里，堆积如山的又是什么呢？

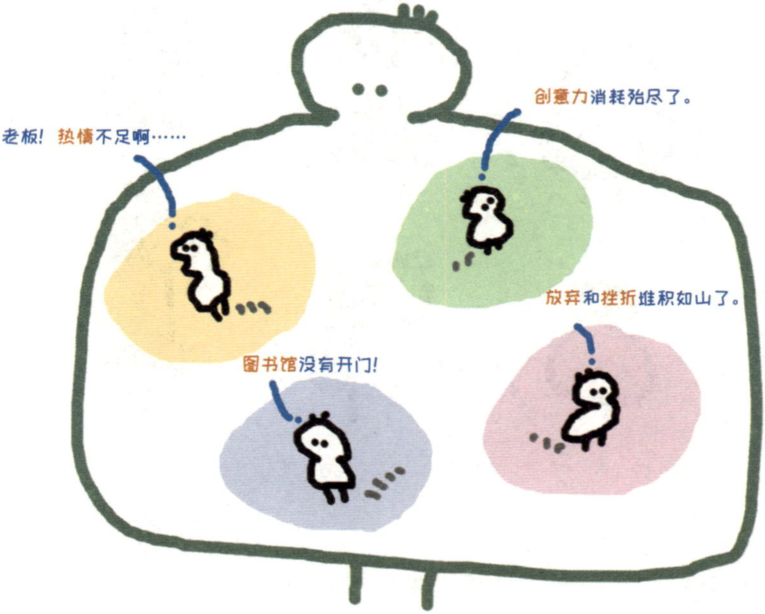

你的优先顺位

在下面的几个选项中，你认为的优先顺位是什么呢？

没有正确答案。

但是，你会按照你心目中的优先顺位来营造你的家庭吧。

希望你能有一个幸福的家庭。

性格=盾牌

韩国销售教育院前院长权五根曾对自认“我的性格不适合做销售”的销售员说过下面的话：

“不管是哪位成功人士或者伟人的自传里，都没有类似于‘我的性格适合失败、受苦、苦难’这样的句子。从历史故事中就可以发现，天性、性格、本性这样的词汇，都是那些失败者经常挂在嘴边的。所谓的性格，只不过是自己制作一个外壳，然后背在身上保护自己的盾牌而已。”

如果还没有发现自己的性格是什么样的，
那么，完全可以通过努力来改变自己的性格。

心灵深处的怪物VS精神深处的怪物

我们每个人都豢养着一个精神怪物。

引发夫妻大战的琐事，聚餐时发生的微不足道的事情，事业上的失败，对子女的期望和失望等，这些事情在我们的掌控下，有可能会变成温顺的小羊，也有可能成为具有强大破坏力的怪物。

甲壳虫乐队的约翰·列侬曾说过：

“我相信一切。在尚未证明那是错误之前，我们没理由不相信。所以，我相信童话和神话，也相信龙的存在。我相信那一切都是存在的。虽然它们只存在于我的精神中！”

1971年，约翰·列侬在自己的精神中呵护着在别人眼里不切实际的幻想——“我要成为比埃尔维斯（猫王，美国摇滚歌手）更伟大的歌手。”

到底是培养梦想，还是豢养怪物，决定权握在主人的手里！

聋 子

敞开心扉，有着接受他人的意义，同时也是，积极应对新环境和变化的姿态。

让其他人进入我的人格深处，让他们轻轻地触摸我的心灵，需要这样向他们展示我的一切的深刻的关系。

所以，敞开心扉伴随着痛苦。

不要为了躲避那些痛苦，而让自己成为一个聋子。

积极的种子

1965年，美国人托里去了江原道的一个山沟里，当他说要住在那里的时候，夫人贤在仁向他问道：

“我们为什么要去那个从来没有去过的旷野生活呢？”

托里是这样回答的：

“如果不是那里，你能在哪里找到适合你画画的美好风景呢？”

我的新办公室位于离地铁站10分钟路程的一个山丘上。因为公司里有一些平时很不喜欢走路的职员，所以我提前去挑选新的办公地点后对他们说：

“新的办公场所非常好，尤其是下班的时候，全都是下坡路！”

很多人在播撒“不可以！”的种子后，天天期待着能够收获“好果实”。

如果想要收获“好果实”，必须一开始就撒下积极的种子。

我们的人生，是根据我们的思考方式形成的。

即使是相同的话语，也请选择能够在自己和他人心里描绘出积极、乐观的未来的词语。

有不少人对说话有些结巴的销售员说，工作肯定很辛苦。

但是他却这样对大家说：

“我一点儿都不担心，你们为什么这么担心呢？”

话语也是一种习惯。

改变话语，就能改变思想，也能改变世界。

领导的嘴唇

我曾经在地铁站里见过一个长得非常漂亮的小姐。既清纯又充满了女性美的她对着手机说道：

“呀，你在哪里啊？通道里的人真他妈多啊！”

前人有言：

“愚蠢的人如果保持安静，也会被看作是充满智慧的人；他闭合嘴唇，也会被看作是聪慧之人。”就是说言多必失。

本·琼森曾说：

“语言是展现一个人为人的最好的手段。”

想要成为领导，必须擅长沟通才行。

懂得用话语来为他人展现未来蓝图。

领导的一句话会创造出幸福！

烦死了……烦死了……
呀！你在哪里啊，
通道里的人真多啊！

一 句 话

原本是一个彷徨不定的问题少年汤姆·莫纳根，因为有一位相信他的老师贝拉达，最终成了世界顶级比萨公司达美乐比萨的创始人。

他对那些正在彷徨的青少年说道：

“我相信你，所以加油吧！”

“我相信你！”

这一句话可以拯救一个人。

寿衣

寿衣上没有口袋!
你什么都带不走!

以家人的名义

我好不容易提前下班回到了家里，妻子问我："要不要吃煎饼啊？"

我原本很喜欢吃面食，所以吃着妻子给我做的香喷喷的煎饼，想着要表扬一下妻子：

"做得真好吃，你做饭的手艺又精进了不少啊！"

可是，妻子却对我说：

"这是你妈妈做的。"

小时候养成的口味，在结婚13年后也一点儿没有改变；更遑论性格和习惯，人类真是一种很难发生改变的动物啊。

《战争与和平》的作者世界级大文豪托尔斯泰，因受不了妻子的唠叨，于1910年10月的一个雪夜以80岁的高龄毅然决然地离家出走，躲在一个不知名的小火车站里。他的最后愿望是——"让妻子无法靠近自己"。

受人尊敬的林肯总统也度过了长达25年的悲惨婚姻生活。新婚时期，他的妻子因生气而把手里滚烫的咖啡泼在了丈夫的脸上。因为周围有很多人看着，所以林肯强忍着什么话也没有说。

但是，她的唠叨并没有让林肯发生改变。出差时，林肯并不像其他人那样会在周末回家，他曾经连续6个月没有回家，独自一人在外面生活。

不管是平凡的人还是伟人，婚姻生活都是相似的。偶尔与妻子吵架的时候我会想，自己是不是正在挖婚姻的坟墓。所以我经常会反省自己：是不是在顾客和职员面前说话非常温柔，但是在家里却对妻子大吼大叫，说一些不经大脑的话。

一定要记住，那些最让我们受伤的话语并不是来自他人，而是来家人。

垃 圾

荷兰的一座城市因乱扔垃圾而陷入困境。

虽然听取一些市民的建议把罚金上升到了原来的两倍，却依然没有任何效果。就在这个时候，一个人提议说："我们反过来试一试吧，如果有人扔垃圾的话不要他们交罚金，而是给他们颁发奖状。"

人们一边补充创意一边开始研发产品。后来，他们在城市里设置了新的垃圾桶只要把垃圾扔进去，垃圾桶就会传出称赞的话语或者逗乐的话。

市民们的反应非常好。

怎样做才能让顾客打开钱包呢？

怎样做才能让职员动起来呢？

请回望一下：你现在使用的方法是不是带有强迫性。

依靠蛮力，是不能让其他人动起来的。

评价自己的方法

在汤姆·汉克斯主演的电影《荒岛余生》中，联邦快递为摄制组提供了职员、办公室，以及从无人岛中逃出来的主人公手里的各种箱子，甚至连老板都在电影中客串角色。下面是联邦快递创始人弗雷德·史密斯于1965年在耶鲁大学上学时写过的论文中的一部分：

“社会变得越来越以提供服务为中心，技术的支配地位会越来越凸现出来，所以能够迅速而准确地传递文件或者货物的需要会越来越多。因此，如果想要提升服务的速度和效果，就需要确保运输车辆和飞机，然后把一个地方作为中心来使用。”

虽然他的这篇论文得了C，而且所有人都说这不可能实现，但他并没有放弃这个想法。

史密斯后来开发出了次日达快递业务，联邦快递也成长为一家拥有15万员工的大公司。

人们总是会根据我对自己的评价来评价我！

今天和10年后

天才高尔夫少女魏圣美在15岁时接受《洛杉矶时报》的采访说道：

“如果我成为专业选手的话，一定要接受像泰格·伍兹一样的待遇。我的身价一定要超过1亿美元才行。”

她毫不客气地对自己的价值进行了评价。

你的身价是多少呢？

今天你所做的事情会决定10年后你的身价。

善良的话

在公司里满嘴善良的话语，在家里却冷言冷语的你！
你是一个说话投机的人吗?

如果爱情缺失，就会变成伤痕，留在内心深处。

唠叨是不可能改变一个人的。枪伤会被治疗好，但伤人的话语留下的伤痕是绝对不会痊愈的。

首先，用称赞和激励来认可对方。

障碍的壁垒

障碍的壁垒并不在我们的面前，而是在我们的脑海中。

当听到记者问“您已经50岁了，但内心却一直很年轻，秘诀是什么？”时，史蒂文·斯皮尔伯格是这样回答的：

“有很多时候，我都跟我的五个孩子在一起，重新享受着年轻的时光。而且在别人眼里我有着超凡的想象力，这是能够帮助我的最大的援军。最重要的就是我真的每天都过得积极向上，乐观无比。早晨起床之后，我就想今天又会发生什么样的好事呢，就会满心激动地等待着。”

早晨起床的时候，你会觉得无聊和疲惫呢，还是会觉得愉快呢？

内心深处的爱

为了培养黄永祚（韩国运动员）而不辞辛劳前往江陵五次，为了把黄永祚送进大学，作为挖人条件而放弃自尊心的人正是郑奉守教练！

他对大学入学处的负责人说道：

“如果一定要这样，就交换一下吧。”

“交换一下？换什么呢？”

“这是我女儿的大学录取通知书。您可以取消我女儿的入学资格，但一定要把黄永祚作为特长生录取。”

他为研究马拉松而自学日语，为重新书写韩国马拉松的历史打下坚实基础，但在媒体的报道中只有黄永祚，没有郑奉守。但是，**即使这样，在他的心里，对马拉松的热爱之火依然熊熊燃烧着。**

在你的心里，留着什么样的爱呢？

你在找什么？
我想看看在你的心里，
是不是还留着爱？

自 信

PACO钢铁公司目前在美国轻质钢铁光缆市场中占有60%的市场份额，但在创业初期因没有自己的产品，而陷入了被生产厂商左右摆布的困境。于是白永重社长下定决心要生产出只属于自己的产品。经过不断的实验后，他终于发明出褶皱光缆，并取得了专利。

日本住友集团的技术人员们看到他的发明之后反驳道：

“教科书里都没有出现过，他是怎么知道的？”“目前的理论都没有提及，所以肯定是假的。”

听到他们的反驳之后，白永重社长为他们做了说明：“教科书里的理论到底是谁编写的呢？难道不是人编写出来的吗？如果出现了新技术，就应该改写教科书啊，你们怎么能说是假的呢？明明是这么简单的事情，几十年的时间里，你们为什么没有想出来呢？不能说创意很简单，就没有任何效果。”

白永重，在他的心里充满了自信。

你的内心深处，

现在依然充满愤怒、抱怨、不满和挫折吗？

创造：如果目标明确，梦想就会实现

恐惧VS才能

在病毒和黑客的攻击下依然安全的电脑，只有拔掉电源的电脑而已。

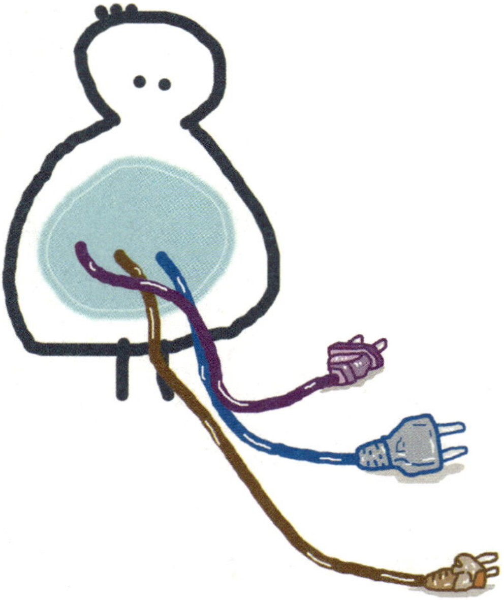

你是不是因恐惧而让自己的才能一直沉睡下去呢?

清空垃圾桶

当你产生消极想法的时候，
不要犹豫，请立即把它们扔进内心深处的垃圾桶里吧。

你是不是因留恋无法清空装得满满的垃圾桶，
而拖着它们艰难行走呢？

进入鞋子里的一粒沙子，会在袜子上磨出小洞，或者把脚磨出水泡。

一点点消极想法，会让我们气馁，会让我们走向失败。

甲壳虫乐队的保罗·麦卡特尼说，在解散乐队时他曾苦恼过这样的问题：

“我还能重新作曲吗？”

“我还能重新唱歌吗？”

“人们会喜欢一个失业的贝斯手吗？”

保罗·麦卡特尼谦虚、低调地集中精力重新投入工作，最终克服了危机。

如果梦想足够大，就不会被情绪所左右。

如果心里的蓝图足够大，就能更轻易地清空心中的垃圾桶。

我真是一个倒霉的家伙!

我 的 机 遇

我们身边不乏经常慨叹“机会从来没有青睐过我”的人。

他们一直在找各种各样的理由，作为自己没有留下任何业绩的借口。

加拿大企业家、《爸爸写给儿子的30封信》的作者金斯利·沃德曾说：

“收到机遇的挑战书时，大部分人都具备了可以取得胜利的条件。只不过他们没有站起来迎接挑战的勇气。”

人生的伟大的目标，并不是知识而是行动。

对于每个人来说机遇都是相同的，只不过你没有行动、执行而已。

看到政府颁布每周5日工作制后，一个CEO对职员们说：

“那些人全都为了赚钱而急忙奔向自己的工作岗位，而从星期五的下午开始就又为了花钱而忙碌。我们为他们制定一个可以通过好的产品和服务来花钱的方案吧。”

对于每个人来说机遇都是相同的，如果没有机遇，就创造机遇吧。

在地球村生存下来的方法

圣珠集团的金圣珠会长曾说：“随着社会的急速发展和变化，以及网络的普及，国境在逐渐消失，多元文化圈正在慢慢形成，为了在这样的现代社会中生存下来，就必须要走向国际化才行。”

她还强调说，虽然很多人嘴上都说着要国际化，但真正的国际化需要站在本土看向世界，所以不要在狭窄的土地上同室操戈，而应该培养站在世界的高度观照本土的国际化视角才行。

为此，我们需要培养在未来1个人就可以完成原本100个人才能完成的工作的人才，不要把金钱和事业留给孩子们，而应该把企业家精神留给他们。

金圣珠会长对自己的女儿说：“妈妈不会把金钱和公司留给你的。你成为专家，能够赚钱之后再来买走妈妈的公司吧。妈妈不想把你们应该体验的、充满快乐的创业经验夺走。”

你是一个世界人呢，还是某国人呢？

又或者是哪个地区的乡民呢？

固定观念的框架

有很多时候，我们放着更好的第三条路不走，把自己禁锢在自己设定的局限里。

作为首尔大学800名工科生中的唯一女生，金镇爱曾听过无数次“作为女孩子，有没有什么辛苦的地方”这样的问题。

听到这个问题之后，她都会反问：

“你为什么不问‘作为女孩子有什么优点，有什么不同点’呢？”

1924年，美国联邦法律禁止销售避孕产品之后，生产和销售避孕套的一位老板说：

“这绝对不是避孕产品，而是用来预防性病的工具而已。”

不要在固定观念的框架中寻找答案。

你希冀的未来

萨克斯演奏艺术家丹尼郑在高中一年级时才第一次接触萨克斯管。看到朋友们演奏萨克斯管的样子后，他觉得太帅气了，然后说自己也想学，但是朋友们都这样劝他：

“已经太晚了，你现在才想起学这个？”

“我是从小学开始学习吹萨克斯的，你现在开始学已经晚了。”

“你学不会的，根本就不可能！”

作为东方人，丹尼郑在美国学校里读书的时候，因为不会唱歌，运动也不擅长，学习也不好，所以被其他学生所孤立。他一边思考“我也有能做好的事情吧”，一边在自己的脑海中想象着自己拿着萨克斯管在舞台上帅气演奏的模样。

想象一下未来自己帅气的模样吧，从那个时候开始，平凡的人生将会发生特别的事情。

开始学习萨克斯管一年之后，丹尼郑就在学校举办的萨克斯管演奏比赛中获得了第一名，并作为奖学金获得者进入了伯克利音乐学院学习，发行的唱片曾经登上美国排行榜。

原本被认为不可能的事情的开端，往往是很单纯的。

首先，想象一下自己所期望的自己未来的模样吧。然后，开始行动吧。

只有一个人的加油

出生在美国纽约布鲁克林的一个贫穷家庭的迈克尔·乔丹，在进入专业篮球队的途中，在芝加哥机场降落后，发现自己已经没有能力支付去赛场的车费了。乔丹截停了很多辆出租车，告诉他们自己的处境，但没有一个人愿意帮助他。有谁会去载一个没钱的黑人呢？

就在这个时候，一位出租车司机觉得乔丹的样子太可怜了，所以把他载到了赛场，并且对他说道：

“为芝加哥好好比赛吧，我会成为你的第一个粉丝。”

后来，功成名就的乔丹千方百计找到那个出租车司机，对他说：

“人们都说，是我带动了芝加哥的经济发展。但是，带动我的人只有一个。他就是芝加哥的一位出租车司机。”

是什么带动你呢？
你是因为什么而动呢？
带动你的人又是谁呢？

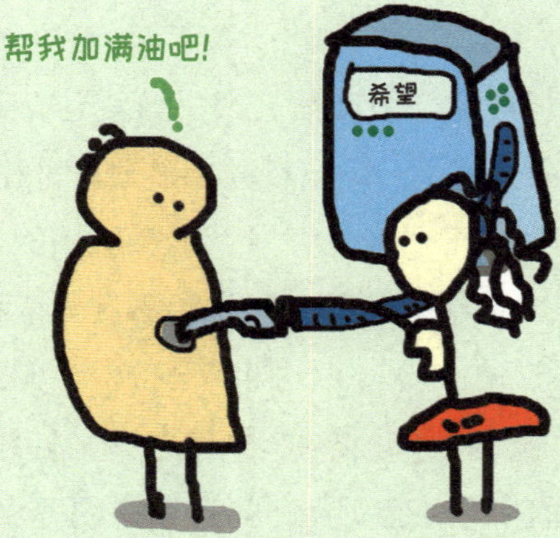

人生是一场短跑

迈克尔·约翰逊曾是200米、400米世界纪录保持者，是世界上跑得最快的人。

为了把世界纪录缩短1秒多，他花了整整10年，他说道：

“其实在很多时候，成功是在很小的差距中实现的。比如在200米竞赛中，比别人快百分之一秒就能拿冠军；在400米竞赛中，十分之一秒的差距决定了谁是世界上跑得最快的人。有很多时候，我们其实都在过着几乎分不清伟大和平凡、成功和失败的生活。虽然人们很多时候会把人生比喻成马拉松，但我反而觉得人生更像一场短跑。长时间的艰苦努力，会在短暂的瞬间见分晓。在那短暂的瞬间里，我们就会迎来竭尽全力奔跑的机会。”

当机遇来临的时候，绝对不能只顾低头看地面。

明确的目标，不仅会缔造我们能一眼看到的东西，还会让我们看到不能直接看到的东西。

你能够看到终点了吗？

不努力的梦想

“爸爸，你小时候的梦想是什么呢？”

“嗯，我的梦想是成为一名科学家！”

“成为科学家要做什么？”

“那个时候啊，当然是想要制作机器人’跆拳V’了！”

“但是爸爸，人们为什么无法实现小时候的梦想呢？”

“那是因为没有努力！”

“那么，爸爸也没有努力吗？”

“……这个！”

显然，这家伙的口才又长进了不少。

啊！

但是，我的梦想去哪里了呢？

创意训练

我一边看着学校里留给儿子的作业，一边产生了这样的想法：

“延昊啊，当你能够在规定的纸张里画出确定的图案的时候，就说明你已经长大成人了。爸爸希望你不要被固定观念禁锢住。”

日本软银集团的孙正义会长在美国留学的时候，为了开发自己的创意力，把很多写上单词的小纸条放在了一个箱子里，然后每天从里面拿出两个来，进行研发新产品的创意训练。例如“抽到写有手表和鸡的纸片，就发明可以发出鸡鸣声的闹钟”这样的方式。就这样，他在1年的时间里共想出了250个点子，造就今日软银的电子翻译器也是在这样一个过程中发明出来的。

不要把你的创意关在固定观念这个框架里。

现在就选出两个单词，开始进行发明新产品的训练吧。

不行的理由

你拥有很多，但你的未来看上去却很不安，这到底是为什么？

一位知名企业顾问曾经说：“所谓的人生，具有按内心深处所描绘的图景发展的倾向。长大成人之后的现在，不管你所处的环境是好是坏，都是你过去在心中所描绘的结果。因此，你现在正描绘的未来，几乎就是未来的你。如果你现在只有消极否定的想法，未来几乎还会如此。”

只有改变现在，未来才会发生改变。

因为改变今天的行动，我的未来也可能会发生改变。

女子高中和男子高中的“班训”。

预定日

分娩是有预产期的。

但是死亡却没有预定日。

当还有时间的时候努力生活吧，努力去爱吧。

在听到“在死之前，你最后还有什么想说的？”这个问题之后，苏格拉底回答道：

“我曾经借了别人一只鸡，请你帮我还了吧。”

虽然我们不是哲学家，但我们也不是为了学习而出生的。

也不是为了赚钱，为了干活而出生的。

但是如果无知，我的人生会给他人的人生带来负担。

如果贫穷的话，会成为周围人的累赘。

我们是为爱而出生的。

我们需要为爱他人而学习、变强大。

只有我变得强大了，才会对他人产生影响。

这就是你应该努力生活的理由。

记住名字

因为有约见，我去了合作方那里，发现所有的职员都在忙着背诵别人的名字。

由于公司突然扩张，职员增加了30多人，所以运营团队开展了“猜名字”活动。

我大学毕业后进入的第一家公司，在结束新职员培训的前3天，培训部会提前通知大家被分配的部门。我向负责企业内刊的小组请求，让他们帮我找到载有我将任职的部门和部门员工信息的报刊。然后我用3天时间，把那些素未谋面的前辈们的脸庞和名字都背诵了下来。上班的第一天，我一边很高兴地跟大家打招呼，一边说道：

“洪吉童前辈！你好！”

“郝武辽主任！见到您很高兴。”

切记——不能因为知道某个人的名字就说了解了那个人的全部。充满情谊的关系，同事之间的友爱，都需要彼此的努力。

吊唁的方法

有一个人去吊唁。他行完叩拜礼之后，面对家属不知道该说什么而有些慌张，结果冒出了这么一句话：

“你好啊！”

他说到现在也无法忘记那一天被骂得多么惨。

刚参加工作的时候，我也曾经参加过同事爷爷的葬礼，我至今记得自己当时也不知道该说什么，只好一直低着头默不作声。

所以我就想，要是能在举行葬礼的殡仪馆的门口竖一块写着“吊唁方法”的牌子就好了。又或者是家属为表示感谢为前来吊唁的客人准备一张纸，一面写着“非常感谢您能来参加我父亲的葬礼”的话和吊唁的方法，另一面画上地铁线路图，我想这对前来吊唁的人来说一定非常有用。

最好的方法，莫过于让学校来教……

刚进入公司的新职员们，最先接受的培训就是“打招呼的方法”。

要是我们的学校教育，也能够变得忠实于最基本的教育就好了。

殡仪馆
吊唁的方法
• 是朋友的时候……
• 是父母的时候……
• 是子女的时候……
• 是上司的时候……
• 是交易伙伴的时候……

因为喜欢而做的事情

孩子们不喜欢学习，
都是为了去好的大学而被迫学习。
大人们不喜欢工作，
都是为了维持生计而被迫工作。

为了愉快的学习，为了愉快的工作，
必须要有一张蓝图才行，
必须感受到迫切的必要性才行。

一开始，可以不停地反复练习规定内容，
然后要主动去寻找，主动去学习。
要把注意力集中在自己喜欢的科目上，
然后，找到适合自己性格的职业。

归　还

24岁便成为世界重量级拳击冠军的乔治·福尔曼，因一场经典逆转而被挑战者穆罕默德·阿里所击败，丢掉了他的金腰带。

隐退之后福尔曼成了一名牧师，为囚犯和青少年们做咨询，离开拳坛整整10年。

1987年回归的时候，福尔曼不仅体重超标了，拳击手应有的气质消失了，性格也变得非常乐观。但是，1994年45岁的他竟然把冠军米切尔·穆勒击倒，第三次登上了世界重量级冠军的宝座。

从那以后，他充分利用自己的企业家手腕，于2002年共赚了包括现金和股票1亿7350万美元。

让自己成为一个从失败和苦难中站起来的成功人士吧。
年龄只不过是一个数字而已。

珍 珠 贝

可口可乐的发明者彭伯顿以非常低廉的价格把可乐的配方转让了出去。

他的儿子自杀了，他的妻子因穷困潦倒而死。

有些人即使怀着珍珠，
也不知道珍珠的价值。
有些人包装一下，就把别人的珍珠，
变成了自己的东西。

捕捉到机遇的人才能够赚到钱。

请看一看你有没有珍珠。

珍珠贝啊！
你原来是用自己心里的伤口，
造出可以为所有人发出光芒的、
珍贵的珍珠啊！

人们为什么只是站在自己的立场思考呢？
对于我来说，珍珠没有任何用处，
只不过是伤痛而已……
即使没有珍珠也没关系，
只希望我能不再疼痛！

尾声

有一天，我因投资风险企业而破产，所以想着要不就给CEO开车，于是向某建筑公司投了一份简历。我心想，为了生存给CEO开车也没有什么不好。

通常情况下，大部分公司都是秘书室联系求职者，但那家建筑公司却是社长亲自给我打了电话：

“崔闰奎先生，看完你的简历，我觉得有些奇怪，所以想问你一个问题。你认为司机的职责是什么？”

听完他的问题，我回答道：

“司机的职责就是能够把车开好。”

听完我的回答之后，他在电话那头说道：

“CEO司机的职责并不仅仅是开车。真正的好司机的职责是闭上眼睛，闭上嘴巴，堵上耳朵，一辈子只负责开车。但是我看了一下你的简历，你做过风险投资，以后如果有机会，还是要创业当社长的，所以说你的‘本性’并不适合做一名司机。”说完之后他就挂断了电话。

他是为了告诉像他一样在某一阶段反复失败和成功的我，为了告诉我“本性”的重要性，为了让我明白自己是一个怎样的人，特意打了这么一个电话。

听完他的话，我明白了很多。

“我是谁？”

“我的本性是什么？”

“我最擅长的是什么？”

乐队“张基河和脸孔们”的主唱张基河曾经说过这样的话：

“在白色鹅卵石堆里扔进一粒白色鹅卵石，是没有任何意义的。但如果扔进一粒黑色鹅卵石进去，整个画面就会发生改变。我想成为那一粒黑色的鹅卵石。”

了解自己，并不是去追逐统一的标准，而是追寻自己内心的标准。

希望在我们的世界里，这样的人越来越多，希望你我首先变成这样的黑色鹅卵石。

水中的鱼

也会口渴